Iki Agoname
Subramanyam Revanuru

Metais pesados na água, nos sedimentos e nas espécies de peixes da albufeira de Yonki

Iki Agoname
Subramanyam Revanuru

Metais pesados na água, nos sedimentos e nas espécies de peixes da albufeira de Yonki

Avaliação da concentração de metais pesados na água, nos sedimentos e nas espécies de peixes da zona da barragem de Yonki, Papua-Nova Guiné

ScienciaScripts

Imprint

Any brand names and product names mentioned in this book are subject to trademark, brand or patent protection and are trademarks or registered trademarks of their respective holders. The use of brand names, product names, common names, trade names, product descriptions etc. even without a particular marking in this work is in no way to be construed to mean that such names may be regarded as unrestricted in respect of trademark and brand protection legislation and could thus be used by anyone.

Cover image: www.ingimage.com

This book is a translation from the original published under ISBN 978-620-7-64732-3.

Publisher:
Sciencia Scripts
is a trademark of
Dodo Books Indian Ocean Ltd. and OmniScriptum S.R.L publishing group

120 High Road, East Finchley, London, N2 9ED, United Kingdom
Str. Armeneasca 28/1, office 1, Chisinau MD-2012, Republic of Moldova, Europe
Printed at: see last page
ISBN: 978-620-7-63424-8

RECONHECIMENTO

Este livro foi possível graças à ajuda de algumas pessoas que, de uma forma ou de outra, me ajudaram gentilmente. Gostaria de agradecer ao meu supervisor, o Professor Associado Dr. Revanuru Subramanyam, do Departamento de Engenharia Civil da PNG Unitech, cuja orientação e valiosas sugestões ajudaram a preparar esta tese. Também gostaria de agradecer ao Comité de Estudos de Pós-Graduação, Investigação e Inovação pelo apoio monetário oportuno para a conclusão desta investigação.

Um agradecimento adicional ao Departamento de Engenharia Civil por me ter aceite para fazer o meu mestrado e também à National Analytical and Testing Services por ter analisado as minhas amostras para metais pesados. Agradeço profundamente ao técnico do Laboratório de Ambiente do Departamento de Engenharia Civil da PNG Unitech, em particular à Sophie, que esteve constantemente presente para ajudar a fornecer produtos químicos e equipamento.

Agradeço também a Freddy, Peter e Joel, que eram os pescadores da barragem de Yonki e que ajudaram com a sua canoa, redes de pesca e conhecimentos para recolher amostras de peixe. Os meus agradecimentos especiais aos amigos, a todos os meus entes queridos e à minha família pelo seu encorajamento e apoio durante o estudo. Finalmente, os meus sinceros agradecimentos a Deus Todo-Poderoso pela sabedoria, coragem e força durante a realização deste estudo. Sem a sua graça, eu não teria chegado até aqui.

Índice

RECONHECIMENTO 1

ACRÓNIMOS E ABREVIATURAS 3

RESUMO.. 4

1.0 INTRODUÇÃO 6

2.0 REVISÃO DA LITERATURA 11

3.0 MATERIAIS E MÉTODOS.. 32

4.0 RESULTADOS E DISCUSSÃO 45

5.0 CONCLUSÕES E RECOMENDAÇÕES............................ 79

6.0 REFERÊNCIAS 84

7.0 APÊNDICES... 99

ACRÓNIMOS E ABREVIATURAS

AMD	Acid Mine Drainage
APHA	American Public Health Association
ANOVA	Analysis of Variance
ANZECC	Australian New Zealand Environmental and Conservation Council
ANZFA	Australian New Zealand Food Authority
ATSDR	Agency for Toxic Substance and Disease Registry
BAF	Bioaccumulation Factor
BCF	Bioconcentration Factor
BMF	Biomagnification Factor
EC	Electrical Conductivity
EHP	Eastern Highland Province
FAO	Food and Agricultural Organization
GIFT	Genetically Improved Farmed Tilapia
HDPE	High Density Polyethylene
IARC	International Agency for Research on Cancer
ICP-MS	Inductively Coupled Plasma – Mass Spectrometer
Igeo	Geo-accumulation Index
IWM	Integrated Waste Management
MSW	Municipal Solid Waste
NFA	National Fisheries Authority
NRCC	National Research Council of Canada
PNG	Papua New Guinea
PNGCEPA	Papua New Guinea Conservation and Environmental Protection Authority
SIL	Summer Institute of Linguistics
SQG	Sediment Quality Guideline
TDS	Total Dissolved Solids
US	United States
USD	United States Dollar
USEPA	United States Environmental Protection Agency
USGS	United States Geological Survey

RESUMO

Os lagos, reservatórios e sistemas fluviais são muito importantes para a vida da população humana, no entanto, o ambiente aquático é suscetível às influências humanas e é mais provável que seja afetado pelas actividades de captação. Alguns dos poluentes mais perigosos são os metais pesados. Estes metais pesados são produtos químicos comuns descarregados no ambiente de água doce por diferentes fontes antropogénicas e naturais e podem ser bioacumulados nos organismos de água doce. Os peixes são os organismos aquáticos mais consumidos e são geralmente reconhecidos como bio-indicadores de poluição química. O peixe contaminado com metais pesados constitui uma ameaça para os organismos aquáticos e para os seres humanos que dependem do peixe como alimento.

O estudo foi efectuado na barragem de Yonki e ao longo dos cursos de água na zona de captação de Upper Ramu, localizada no distrito de Kainantu, na Papua-Nova Guiné. A barragem e o reservatório de Yonki foram construídos em 1991 com o objetivo de produzir eletricidade para cinco terras altas e duas províncias costeiras. Atualmente, a barragem suporta uma vasta gama de espécies de peixes introduzidas. Estas espécies de peixes espalharam-se por toda a albufeira e tornaram-se a principal fonte de proteínas e de rendimento para as comunidades rurais circundantes. Estão agora ameaçadas pelas actividades antropogénicas nas zonas de captação, como as actividades de extração de ouro aluvial em pequena escala e as práticas de eliminação de resíduos industriais e domésticos e de esgotos.

O objetivo do estudo foi avaliar os níveis de crómio, arsénio, cádmio, chumbo, mercúrio, cobre, zinco e níquel nas águas superficiais e nos sedimentos da zona da albufeira de Yonki e dos cursos de água superiores durante a estação húmida e seca. Avaliar também os metais pesados nos tecidos de espécies de peixes seleccionadas da albufeira de Yonki. Além disso, o seu objetivo é propor soluções sustentáveis a longo prazo para uma melhor gestão da albufeira e dos cursos de água. A amostragem foi efectuada em seis estações de amostragem na albufeira de Yonki e nos cursos de água superiores. Os peixes foram limitados à albufeira e foram obtidas amostras de tecidos musculares e de órgãos da tilápia GIFT, *Oreochromis niloticus,* e da carpa comum, *Cyprinus carpio*.

Os resultados revelaram que os parâmetros físico-químicos (pH, condutividade eléctrica, TDS e temperatura) medidos durante a estação húmida e seca estavam dentro dos limites admissíveis da USEPA (1986) e da OMS (2011) para a sobrevivência de organismos aquáticos. Além disso, os metais pesados estudados nas águas superficiais nas estações húmida e seca estavam dentro dos limites permitidos pela USEPA e pela OMS.
Os resultados revelaram que as diferentes estações do ano têm grande influência nos níveis de metais pesados nos sedimentos. O crómio, o cádmio, o cobre, o níquel e o chumbo excederam os níveis de orientação da qualidade dos sedimentos durante a estação seca, em comparação com a estação húmida. Os valores do índice de geo-acumulação mostraram que o chumbo nos sedimentos está fortemente contaminado, especialmente durante a estação seca. A concentração de níquel e zinco nos órgãos das duas espécies de peixes excedeu os limites permitidos pela OMS e pela ANZFA. Além disso, todos os tecidos das duas espécies de peixes contêm níveis elevados de crómio que excedem os limites da OMS e da ANZFA. A análise BAF indicou que o crómio e o zinco são bioacumuláveis e têm uma forte tendência para se bioacumularem nos tecidos das duas espécies de peixes. Com base nos resultados, este estudo recomenda a adoção de um plano de Gestão Integrada de Resíduos (GIR) para a albufeira de Yonki e para as zonas de captação dos cursos de água superiores, a fim de gerir melhor os resíduos da extração de ouro e de outras actividades antropogénicas que libertam metais pesados no ambiente aquático.

1.0 INTRODUÇÃO

1.1 Antecedentes

Os lagos e reservatórios de água desempenham um papel vital na vida da população humana. São úteis para o abastecimento de água, irrigação de culturas, pesca, controlo de cheias e produção de hidroeletricidade. Outros benefícios incluem a atração de turistas e a abertura de novas áreas para o desenvolvimento (Kitur, 2009). Os ecossistemas de água doce são vulneráveis aos impactos humanos, pelo que é provável que sejam influenciados pelas actividades de captação das albufeiras (Dudgeon, 2006). De acordo com a Organização das Nações Unidas para a Alimentação e a Agricultura (FAO, 1992), a contaminação da água doce tem um enorme efeito sobre a saúde e a situação económica da população humana. A poluição ambiental surge quando os poluentes existentes ultrapassam o nível limite e afectam negativamente o ambiente e os organismos vivos (Mohammed et al., 2011). Um dos poluentes mais perigosos são os metais pesados, que têm sido problemáticos na maioria dos ambientes aquáticos em todo o mundo.

Os metais pesados entram nos sistemas aquáticos através de fontes naturais e antropogénicas. As principais vias incluem a extração e exploração mineira, os resíduos industriais, agrícolas e municipais descarregados nas massas de água pelos seres humanos, bem como a meteorização e erosão de materiais terrosos ricos em metais. Alguns destes metais pesados são necessários para as funções metabólicas dos seres humanos e dos organismos aquáticos em quantidades mínimas, enquanto outros não são necessários (Pourang, 1995). No entanto, níveis elevados de metais pesados, tanto essenciais como não essenciais, podem causar stress na ecologia aquática e nos organismos que dela dependem. A presença de metais pesados nos ecossistemas de água doce é uma preocupação ambiental importante que tem atraído uma atenção científica alargada. Este facto é atribuído à capacidade dos metais pesados de persistirem no ambiente, se acumularem e aumentarem na cadeia alimentar e à sua toxicidade para os animais, incluindo as pessoas (Pourang, 1995). Por conseguinte, são necessários mais estudos para avaliar e monitorizar adequadamente o nível de contaminação por metais pesados no ambiente, a fim de proteger os organismos aquáticos, as plantas e o ecossistema de água doce.

Na Papua-Nova Guiné (PNG), a barragem de Yonki e o reservatório são as infra-estruturas mais importantes da bacia hidrográfica do Alto Ramu (Anexo D). A barragem foi construída para fornecer um reservatório de armazenamento de água para a central hidroelétrica. A central hidroelétrica, a barragem e o reservatório são explorados pela PNG Power Limited e o município de Yonki alberga o pessoal da PNG Power que opera o sistema hidroelétrico (Van der Heijden., 1993). A Highlands Highway é a principal estrada que liga as províncias das terras altas e passa pela barragem e pela albufeira. A bacia hidrográfica do Alto Ramu possui uma extensa rede de estradas secundárias e caminhos não pavimentados que dão acesso à maior parte da bacia hidrográfica em boas condições climatéricas. A área é acessível por via aérea através do Summer Institute of Linguistics (SIL) Aviation com base na pista de aterragem de Aiyura a sudoeste da barragem de Yonki (Trangmar et al. 1995).

1.2 Declaração do problema de investigação.

As espécies de peixe exóticas da barragem de Yonki são uma iguaria apreciada pelos amantes do peixe e até por viajantes que passam pelas províncias de Southern Highlands, Enga, Western Highlands, Sepik, Madang e Morobe da Papua-Nova Guiné. Este peixe tornou-se uma importante fonte de rendimento e de proteínas baratas de alta qualidade para as famílias que não podem comprar produtos à base de carne, mas que podem pescar. A pesca e outros organismos aquáticos na barragem de Yonki estão agora ameaçados pela agricultura, pelas actividades industriais e humanas nas zonas de captação e pelas actividades de extração de ouro aluvial que remontam à década de 1940 (Kapia et al., 2016). Estas actividades antropogénicas, que alegadamente libertam poluentes de metais pesados no ambiente, acabam por chegar às águas superficiais e aos sedimentos. Estes metais são tóxicos para os organismos aquáticos, nomeadamente para os peixes, em diferentes graus.

Este estudo investigará se as águas superficiais e os sedimentos da albufeira de Yonki e dos ribeiros superiores da albufeira, perto das zonas de extração de ouro aluvial, estão contaminados pelas actividades antropogénicas e se as diferentes estações do ano têm influência na concentração de metais pesados. Este estudo também avaliará a presença de metais pesados tóxicos nas espécies de peixes. Há indicações, de acordo com o estudo realizado por Kapia et al. (2016), de que os cursos de água nas zonas superiores da albufeira estão poluídos com mercúrio, cádmio, cobre, chumbo e crómio. Desde o estudo de Kapia et al. (2016), as actividades antropogénicas, como a extração de ouro aluvial, a descarga de resíduos industriais, domésticos e municipais, continuam a poluir os cursos de água e a albufeira, e em maior proporção à medida que mais pessoas migram para as zonas superiores dos cursos de água e para o município de Yonki (Trangmar et al, 1995).

1.3 Objectivos do estudo

1.3.1 Objetivo geral

O objetivo deste estudo foi avaliar o nível de concentração de metais pesados em espécies de peixes seleccionadas, nas águas superficiais e nos sedimentos da zona da albufeira de Yonki e nos ribeiros superiores da albufeira em diferentes estações do ano.

1.3.2 Objectivos específicos

O estudo foi realizado para atingir os seguintes objectivos específicos
1. Avaliar o nível dos parâmetros físico-químicos (pH, temperatura, condutividade eléctrica, sólidos totais dissolvidos) das águas superficiais da albufeira de Yonki e dos ribeiros superiores em diferentes estações do ano.
2. Investigar a concentração de metais pesados nas águas superficiais e nos sedimentos da albufeira de Yonki e dos cursos de água superiores perto das zonas de extração de ouro aluvial em

diferentes estações do ano.

3. Avaliar a concentração de metais pesados nos tecidos das espécies de peixes *Cyprinus carpio* (carpa comum) e *Oreochromis niloticus* (tilápia GIFT) do reservatório de Yonki.
4. Propor um plano de gestão sustentável para uma melhor gestão da albufeira e dos cursos de água nos troços superiores próximos das zonas de extração de ouro aluvionar.

1.4 Importância da investigação

De acordo com Wim et al. (2007), o aumento da população humana intensificou a necessidade de fornecimento de alimentos, o que aumentou a procura de proteínas e produtos de peixe. O consumo mundial de peixe e de produtos derivados de peixe tem aumentado consideravelmente nos últimos tempos. No entanto, os níveis de substâncias tóxicas presentes no peixe e nos produtos à base de peixe são de particular interesse, uma vez que têm o potencial de afetar a saúde de quem os consome. Assim, os dados recolhidos nesta investigação contribuirão para a compreensão da contaminação por metais pesados do ecossistema aquático e do peixe na albufeira de Yonki. Esta informação também pode ser usada durante quaisquer projectos de desenvolvimento na albufeira de Yonki e nas áreas de captação como dados de base. Isto permitirá uma monitorização eficaz tanto da qualidade ambiental como da saúde dos organismos aquáticos na albufeira. Por último, as informações recolhidas constituem uma contribuição para a literatura, para outros académicos com interesse no estudo da concentração de metais pesados em torno da albufeira de Yonki e dos ribeiros superiores da albufeira.

1.5 Âmbito e limitações do estudo

Embora o reservatório de Yonki tenha uma grande diversidade de espécies de peixes introduzidas (Hair et al., 2006), apenas a carpa comum *(Cyprinus carpio)* e a tilápia de viveiro geneticamente melhorada, GIFT *(Oreochromis niloticus),* foram estudadas por serem as espécies mais abundantes nos mercados de peixe locais devido à sua capacidade de reprodução e crescimento rápido (Smith, 2007). Acima do reservatório de Yonki existem seis grandes sub-bacias hidrográficas (Trangmar, 1995). O estudo limitou-se a três riachos: Aimontina Creek (ponte de Bane), Ornapinka River (Tiunka) e Akwitana Creek (ponte de Duampa), que sofrem grandes perturbações antropogénicas devido a actividades de mineração de ouro aluvial e descarga de resíduos.

2.0 REVISÃO DA LITERATURA

2.1 Metais pesados

Os metais pesados são definidos como metais com uma densidade superior a 5 g/cm3. A palavra metal pesado é frequentemente utilizada como um nome de grupo para metais e metalóides ou semi-metais que têm sido associados à poluição e à ecotoxicidade (Duffus, 2002). Recentemente, de acordo com Ali e Khan (2018), uma definição mais ampla para a palavra foi definida como metais que ocorrem naturalmente com um número atómico superior a 20 e uma densidade elementar superior a 5 g/cm^3 .

No ambiente, os metais pesados estão presentes no estado sólido, líquido ou gasoso, e podem estar presentes como elementos individuais ou como compostos orgânicos e inorgânicos, de acordo com Laskar (2010). Explicou ainda que a geosfera é a fonte de todos os metais pesados e que, na geosfera, estes podem estar presentes em minerais, vidros e fundidos. Metais pesados 4

Os metais ocorrem como iões dissolvidos e complexos, colóides e sólidos em suspensão na hidrosfera. Nriagu (1989) também referiu que os metais pesados estão presentes como elementos e compostos gasosos e como aerossóis e partículas na atmosfera. Pode ocorrer a inalação de metais na forma gasosa e particulada, enquanto os metais líquidos e sólidos em fase aquosa podem ser absorvidos ou ingeridos, entrando assim na biosfera (Schalk et al., 2011).

2.1.1 Arsénio

O arsénio (As) é um elemento tóxico que ocorre naturalmente e que é descarregado no ambiente através de actividades humanas como a fundição, a exploração mineira, a agricultura através da utilização de pesticidas e fertilizantes contendo arsénio, postes de eletricidade de madeira que são tratados com conservantes à base de arsénio e a libertação de efluentes não tratados (Ravenscroft et al., 2009). De acordo com Smedley e Kinniburgh (2002), as emissões vulcânicas, a meteorização das rochas, a oxidação da pirite (FeS) e da arsenopirite (FeAsS) e a decomposição da matéria orgânica são fontes naturais de arsénio. De acordo com Ravenscroft et al. (2009), o arsénio encontra-se amplamente disperso na crosta terrestre em diferentes minerais, como o orpiment, o realgar e a arsenopirite.

O estado de oxidação do arsénio é o principal fator que determina a sua mobilidade no ambiente. De acordo com Bhattacharya e Welch (2009), o arsenito (As(III)) e o arsenato (As(V)) são os dois principais estados de oxidação em que o arsénio existe. O arseniato é menos tóxico e estável do que o arsenito e está normalmente presente em ambientes oxidantes como os solos e as águas superficiais. O arsenito é mais móvel e altamente tóxico do que o arseniato e está normalmente presente em ambientes redutores como os sedimentos e as águas subterrâneas. De acordo com Ravenscroft et al. (2009), o pH do ambiente também influencia a toxicidade e a mobilidade do arsénio. Em ambiente ácido, o arsénio é mais móvel e biodisponível, embora seja menos tóxico e menos móvel em ambiente alcalino. Sabe-se que os óxidos de ferro e de manganês, incluindo a presença de certos minerais, têm um efeito sobre a biodisponibilidade e a mobilidade do arsénio no ambiente.

O arsénio representa um grave risco para a saúde humana em locais onde a água potável é escassa. Pode também ter impacto no desenvolvimento económico, na saúde dos ecossistemas e na produtividade agrícola. Ingestão, adsorção 5

A principal via de exposição ao arsénio é a pele ou a inalação. Segundo a ATSDR (2007a), a toxicidade do arsénio é responsável pelo cancro dos pulmões, da pele, da bexiga e dos rins, por lesões cutâneas, por efeitos neurológicos e por doenças cardiovasculares. A contaminação da água potável por arsénio é uma das principais preocupações de saúde pública em todo o mundo, pelo que a OMS (2011) estabeleceu o limite de 0,01 miligrama de arsénio por litro de água potável (0,003 mg/L) para proteger contra o envenenamento por arsénio.

2.1.2 Cádmio

O cádmio (Cd) é um elemento tóxico com um estado de oxidação de +2.
Forma compostos inorgânicos como acetatos, cloretos e sulfatos que são
solúveis em água. Nas águas poluídas, as concentrações de cádmio
dissolvido dependem do pH (Duffus, 2002). De acordo com o NRCC
(1979), em pH neutro e alcalino ocorre uma elevada concentração de
cádmio. As principais fontes de cádmio provêm de resíduos industriais,
uma vez que são amplamente utilizados na extração mineira,
galvanoplastia e fundição de chumbo e zinco, pigmentos para tintas,
estabilizadores de plásticos e baterias de níquel-cádmio (NRCC, 1979).
Fulkerson et al. (1977) enumeraram ainda as fontes de cádmio como
sendo os insecticidas, fungicidas, fertilizantes comerciais, lamas de
depuração e resíduos sólidos urbanos.

O cádmio é muito tóxico mesmo em baixas concentrações e é
responsável por vários casos de intoxicação alimentar. Quando ingerido,
o cádmio pode causar vómitos, náuseas, cãibras abdominais, dores de
cabeça, diarreia e choque (Tirkey et al., 2012). Tirkey et al. (2012)
acrescentam ainda que o cancro do pulmão e a doença pulmonar
obstrutiva ocorrem devido a uma exposição elevada, incluindo fraqueza
óssea em animais e seres humanos. A exposição ao cádmio através da
água potável é uma questão importante, pelo que a OMS (2011)
estabeleceu o limite de orientação de 0,003 miligrama de cádmio por
litro de água potável (0,003 mg/L) para proteger contra o envenenamento
por cádmio.

2.1.3 Crómio

O crómio (Cr) é um elemento abundante na crosta terrestre e também um
micronutriente essencial para animais e plantas (Emsley, 2001). De
acordo com Emsley (2001), o crómio é libertado no ambiente pela erosão
de rochas que contêm crómio e encontra-se no estado sólido, líquido ou
gasoso. Pode ocorrer em valências de +3 e +6, sendo o estado de
oxidação Cr (III) estável, e dá origem a compostos crómicos como
sulfatos ($Cr_2(SO_4)_3$), cloretos ($CrCl_3$) e óxidos ($Cr\,O_{23}$). Hingston

(2001) explicou ainda que os processos industriais e mineiros podem elevar a concentração de crómio. O mesmo autor enumera as utilizações do crómio em fitas magnéticas, revestimentos protectores de metal, cimento, pigmentos de tinta, borracha, papel, ligas metálicas como o aço inoxidável, conservantes de madeira e aditivo na água para impedir a corrosão em sistemas de arrefecimento.

De acordo com Dayan e Paine (2001), respirar crómio hexavalente (Cr VI) é venenoso e é um conhecido agente cancerígeno. A inalação de níveis elevados de crómio pode causar inflamação dos revestimentos do nariz e dificuldades respiratórias como tosse, asma, falta de ar ou pieira. Dayan e Paine (2001) também registaram danos nos tecidos nervosos, nos rins, na circulação, no fígado e irritação da pele devido à exposição prolongada. A exposição ao crómio através da água potável é um problema importante, pelo que a OMS (2011) estabeleceu o limite de 0,05 miligramas de crómio por litro de água potável (0,05 mg/L) para proteger contra o envenenamento por crómio.

2.1.4   Cobre

O cobre (Cu) é um metal de transição e é o terceiro metal mais utilizado no mundo (Karlin e Tyeklar, 2012). De acordo com Kabata-Pendias (2010) o cobre ocorre naturalmente nos solos e é um micronutriente importante para o crescimento das plantas e, em condições fisiológicas, ocorre na forma Cu+ e Cu2+. O cobre comporta-se como elemento estrutural em proteínas reguladoras e participa da cadeia de transporte de elétrons do metabolismo da parede celular, da sinalização hormonal e do metabolismo oxidativo, bem como da fotossíntese e da respiração (Marschner, 1995).

A exposição a níveis elevados de cobre pode provocar uma série de problemas de saúde, como lesões renais e hepáticas, anemia, imunotoxicidade, irritação do estômago e dos intestinos e toxicidade para o desenvolvimento (ATSDR, 2004). De acordo com Krishnamurthy e Pushpa (1995), o excesso de cobre pode também provocar alterações patológicas nos tecidos cerebrais, hipertensão e doenças específicas dos ossos. A exposição ao cobre através da água potável tem sido uma questão importante, pelo que a OMS (2011) estabeleceu o limite de orientação de 2,0 miligramas de cobre por litro de água potável (2,0 mg/L) para proteger contra o envenenamento por cobre.

2.1.5 Chumbo

O chumbo (Pb) tem origem nos seus minerais sulfuretos, tais como o sulfato de anglesite, o carbonato de cerussite e a galena. De acordo com Akan et al. (2009), o chumbo ocorre em diferentes estados de oxidação (O, I, II e IV), sendo que o estado de oxidação +2 é de importância ambiental, uma vez que é a forma em que ocorre a bioacumulação de chumbo em organismos de água doce. De acordo com o relatório da ATSDR (2007b), o chumbo provém de fontes antropogénicas e naturais no ambiente e é um componente natural da água, do ar e da biosfera. É um metal pesado tóxico que se encontra em menor abundância na crosta terrestre. Os alimentos, o ar, a água potável, a poeira e o solo de tintas antigas com chumbo são as vias de exposição (ATSDR, 2007b).

Com base no relatório de Tarr e Miessler (1991), o chumbo é um dos metais mais utilizados e encontra-se disseminado no ambiente, principalmente devido às actividades humanas. O chumbo é utilizado em esgotos, materiais de soldadura e de fabrico de tubos, bem como em canalizações, no fabrico de pilhas, em aditivos para combustíveis, em munições, em pesticidas e em pigmentos para tintas (ATSDR, 2007b). De acordo com Miller et al. (2002), devido à sua capacidade tóxica e bioacumulativa e à sua persistência no ambiente aquático, o chumbo tem sido uma grande preocupação. Segundo Oguzie (2003), o chumbo acumula-se nos tecidos dos peixes, como as escamas, o fígado, os ossos, os rins e as guelras, sendo o principal mecanismo de absorção a troca gasosa através das guelras para a corrente sanguínea.

Os efeitos do envenenamento por chumbo são dores e desconforto abdominal, falta de função cognitiva devido a danos no sistema nervoso central, anemia devido à diminuição das enzimas envolvidas na síntese de glóbulos vermelhos e desenvolvimento de ossos fracos, uma vez que o chumbo toma o lugar do cálcio (Lars, 2003). O relatório da OMS

(2011) afirma que o chumbo também provoca cancro, diminuição da fertilidade e outros sintomas menores como dores de cabeça, náuseas e vómitos. Além disso, o relatório da ATSDR (2007b) acrescenta outros efeitos do chumbo, como danos nos órgãos de produção de esperma nos homens, aborto espontâneo em mulheres grávidas, danos no cérebro e nos rins e, por fim, a morte. A exposição ao chumbo através da água potável tem sido um problema importante, pelo que a OMS (2011) estabeleceu o limite de 0,01 miligrama de chumbo por litro de água potável (0,01 mg/L) para proteger contra o envenenamento por chumbo.

2.1.6 Mercúrio

O mercúrio (Hg) apresenta-se nos estados de oxidação Hg° (metálico), Hg+1 (mercuroso) e Hg+2 (mercúrico). O mercúrio mercúrico é responsável por compostos inorgânicos e organometálicos. O átomo de mercúrio está ligado covalentemente a um ou dois átomos de carbono para os derivados organometálicos. De acordo com a ATSDR (1999), o cloreto de mercúrio, o metilmercúrio, o mercúrio metálico e o sulfureto de mercúrio (minério de cinábrio) são as formas de mercúrio encontradas no ambiente aquático com o seu próprio perfil de toxicidade. Além disso, de acordo com a ATSDR (1999), o metilmercúrio constitui uma grande preocupação, uma vez que pode acumular-se nos peixes a níveis superiores aos das águas circundantes.

Com base no relatório da ATSDR (1999), o mercúrio inorgânico e metálico entra na atmosfera a partir de emissões de centrais eléctricas a carvão, de depósitos mineiros que contêm mercúrio, da produção de cimento, da libertação descontrolada de fábricas que utilizam mercúrio e de resíduos médicos e queimadas municipais. De acordo com a ATSDR (1999), o mercúrio inorgânico também entra no solo ou na água a partir de instalações de tratamento de águas residuais que libertam águas residuais com mercúrio, da meteorização de rochas com mercúrio e da incineração de resíduos sólidos urbanos, como interruptores eléctricos, pilhas descartáveis e termómetros. Também Sweet e Zelikoff (2001) referiram que o mercúrio entra e se acumula na cadeia alimentar sob a forma de metilmercúrio.

O mercúrio é um contaminante ambiental abundante que é responsável por muitos problemas de saúde nocivos para o ser humano. De acordo com a ATSDR (1999), os sintomas de envenenamento por mercúrio incluem perda de sensibilidade, surdez, alterações de personalidade (timidez, nervosismo e irritabilidade), dificuldades de memória, incoordenação muscular, tremores, alterações da visão e danos permanentes nos rins e no cérebro. A exposição ao mercúrio através da água potável tem sido um problema importante, pelo que a OMS (2011) estabeleceu a diretriz de 0,006 miligramas de mercúrio por litro de água potável (0,006 mg/L) para proteger contra o envenenamento por mercúrio.

2.1.7 Níquel

O níquel (Ni) está naturalmente presente no solo devido à meteorização das rochas (Nussey et al., 2000). De acordo com Housecroft e Sharpe (2008), o estado de oxidação do níquel é +2, mas são conhecidos compostos de Ni+ e Ni+3, tendo sido confirmado o Ni+4. Os compostos de níquel (II) são conhecidos com todos os aniões comuns, como o carbonato, os carboxilatos, o sulfureto, o sulfato, os halogenetos e o hidróxido. O níquel é um oligoelemento vital para os animais, embora a sua importância funcional não tenha sido estabelecida. De acordo com a ATSDR (2003), o níquel é considerado vital com base em relatos de deficiências de níquel em numerosas espécies animais. Além disso, a essencialidade do níquel e as suas recomendações dietéticas para os seres humanos não foram estabelecidas. De acordo com o estudo de Nussey et al. (2000), o níquel acumula-se em diferentes tecidos dos peixes quando expostos a níveis elevados de níquel.

Harman (1981) demonstrou que o níquel é um carcinogéneo em modelos humanos e animais. Os efeitos carcinogénicos do níquel ocorrem através da inibição dos sistemas de reparação do ADN, com base nas provas fornecidas pela ATSDR (2005). Foi demonstrado que níveis mais elevados causam efeitos sub-letais, embora a toxicidade do níquel seja geralmente baixa. De acordo com a ATSDR (2005), os efeitos do níquel na saúde são graus variáveis de envenenamento do sistema cardiovascular e dos rins, fibrose pulmonar, alergias cutâneas e estimulação da transformação neoplásica. A exposição ao níquel através da água potável tem sido um problema importante, pelo que a OMS (2011) estabeleceu o limite de 0,07 mg de níquel por litro de água potável (0,07 mg/L) para proteger contra o envenenamento por níquel.

2.1.8 Zinco

O zinco (Zn) ocorre em diferentes concentrações nas rochas da crosta terrestre e, dependendo do tipo de rocha, as rochas eruptivas têm a concentração máxima (Aubert e Pinta, 1980). De acordo com Aubert e Pinta (1980), o zinco prefere ligar-se ao enxofre devido à sua baixa afinidade com o oxigénio e apresenta-se sob a forma de minérios como a calamite ($ZnCO_3$), a esfalerite (ZnS) e a zincite (ZnO). Ligas como o latão e o bronze são desenvolvidas a partir do zinco e são utilizadas na construção de revestimentos, edifícios e coberturas (Emsley, 2001). Reilly (2002) também enumerou outras utilizações do zinco, como baterias de pilhas secas, fotocopiadoras, fabrico de placas de circuitos e também é utilizado nas indústrias farmacêutica e química, como suplementos nutricionais, medicamentos e tintas.

As fontes de poluição por zinco no ambiente aquático são as lamas de esgotos domésticos, a exploração mineira, as escorrências urbanas e os fertilizantes de zinco (Datar e Vashishtha, 1990). A APHA (2005) também mencionou que o zinco é tóxico para algumas espécies aquáticas, apesar de ser um elemento essencial para o crescimento de plantas e animais. De acordo com Datar e Vashishtha (1990), a toxicidade do zinco para outros organismos de água doce é muito diferente, mas depende das características da qualidade da água e da espécie em causa. Como afirmam Duruibe et al. (2007), beber água contendo concentrações elevadas de zinco pode causar náuseas, vómitos e cólicas estomacais. Outros sintomas clínicos de envenenamento por zinco foram registados como insuficiência renal, urina com sangue, insuficiência hepática, anemia e diarreia. O limite permitido de 3,0 mg de zinco por litro de água potável (3,0 mg/L) é estabelecido pela Organização Mundial de Saúde (OMS, 2008).

2.2 Metais pesados no ecossistema aquático

Mesmo com as melhorias efectuadas na gestão ambiental, os metais pesados continuam a causar enormes riscos para a saúde dos organismos de água doce e dos seres humanos. De acordo com Wepener et al. (2001), os metais pesados não são biodegradáveis e não podem ser criados nem destruídos, ao contrário de outras categorias de contaminantes que podem ser biodegradados e totalmente destruídos. No entanto, como Viljoen (1999) explicou, os metais pesados podem mudar de complexos venenosos para complexos mais estáveis e menos tóxicos. Devido à sua toxicidade e comportamento acumulativo, os metais pesados alteram o ecossistema de água doce e a diversidade das espécies aquáticas quando são descarregados nos sistemas fluviais.

De acordo com Kotze et al. (1999), a toxicidade num ecossistema de água doce pode ser alterada por vários factores ambientais abióticos, como a dureza da água, o oxigénio, o pH e a temperatura. A temperatura, em especial, é um fator-chave que afecta a toxicidade dos metais pesados, uma vez que a maioria dos organismos de água doce são poiquilotérmicos. Quando a temperatura da água aumenta, os poluentes tornam-se mais letais para os peixes em concentrações mais baixas, de acordo com o estudo de Kotze et al. (1999). Outros factores que podem desempenhar um papel são o dióxido de carbono, a matéria orgânica, as actividades metabólicas, os sólidos em suspensão, a interação entre poluentes, a semi-vida biológica do metal, o carbono orgânico total, as variações intra-específicas na suscetibilidade aos metais e as fases de desenvolvimento dos organismos (Chillebaert et al., 1995).

2.2.1 Metais pesados na água

A poluição da água é a adulteração da água por matérias estranhas que deterioram a qualidade da água. Como a palavra se aplica, a poluição da água ocorre nos lagos, oceanos, riachos, águas subterrâneas, rios, reservatórios e baías, em suma, áreas que contêm líquidos. Envolve a descarga de germes patogénicos, substâncias tóxicas, substâncias que requerem muito oxigénio para se decomporem, materiais radioactivos e substâncias facilmente solúveis que se depositam no fundo e a sua acumulação irá interferir com o estado do ambiente de água doce (Verma e Dwivedi, 2013).

Desde o início da revolução industrial que a poluição da água por metais pesados se tornou um problema ambiental importante e, atualmente, os metais pesados continuam a ser libertados pelas actividades industriais, domésticas e outras actividades humanas, contaminando os recursos hídricos (Khare e Singh, 2002). Além disso, Khare e Singh (2002) sublinharam que o risco de metais pesados tóxicos na massa de água é mais crítico do que o de outros poluentes devido às suas propriedades de acumulação, meias-vidas biológicas longas e natureza não biodegradável. É difícil remover completamente os metais pesados quando entram no ambiente aquático.

2.2.2 Metais pesados em sedimentos

De acordo com Calmano et al. (1993), os sedimentos são um sumidouro vital para os metais pesados nos ecossistemas de água doce. Os níveis de metais pesados nos sedimentos podem ser superiores aos da água sobrejacente, devido à sua baixa solubilidade na água, e são facilmente absorvidos pelos sedimentos. Calmano et al. (1993) referiram que cerca de 90% da carga de metais pesados nos ecossistemas de água doce se encontra fixada nos sedimentos e nas partículas em suspensão. Os sedimentos de grão fino representam um repositório principal de metais pesados e também uma prova das mudanças progressivas na contaminação devido às suas grandes capacidades de adsorção, pelo que os sedimentos são úteis para a reconstrução histórica. Além disso, os estudos com núcleos de sedimentos foram utilizados como registos de poluição ao longo das últimas décadas. Como afirmado por Akan et al. (2010), os levantamentos com núcleos de sedimentos são uma excelente ferramenta para determinar os efeitos dos processos naturais e antropogénicos nos ambientes de deposição.

De acordo com Zhao et al. (2014), a dessorção, a adsorção e a acumulação de metais pesados em sedimentos podem ser afectadas por vários factores físico-químicos, como a salinidade, o estado redox, as condições hidrodinâmicas, a temperatura, o tamanho das partículas e o teor de matéria orgânica e de micróbios. Zhao et al. (2014) mencionaram ainda que o pH é um fator determinante importante na biodisponibilidade dos metais nos sedimentos. Uma descida do pH resulta na dissolução de complexos metálicos devido à competição entre o H+ e os iões metálicos pelos locais de ligação nos sedimentos, libertando assim os iões metálicos para o meio aquático. A acumulação de metais pesados nos sedimentos ocorre através dos processos de precipitação de certos compostos, ligação de partículas sólidas finas, associação com moléculas orgânicas e co-precipitação com óxidos de ferro ou manganês ou espécies ligadas como carbonatos com base nas condições físicas e químicas existentes entre o sedimento e a coluna de água associada.

Os sedimentos são também responsáveis pelo movimento dos poluentes e dos nutrientes no ecossistema de água doce. Os sedimentos retêm os poluentes hidrofóbicos de metais pesados que entram no ambiente aquático e libertam gradualmente esses contaminantes de metais pesados de volta para as massas de água (McCready et al., 2006). Além disso, McCready et al. (2006) explicaram que a biodisponibilidade e a distribuição de metais pesados tanto nos sedimentos como nas massas de água que os cobrem têm de ser deliberadas para compreender plenamente as interacções entre os organismos e o seu ambiente. Por conseguinte, a avaliação dos sedimentos é importante para estudar os perigos do ambiente de água doce. Assim, a salvaguarda da qualidade dos sedimentos é essencial para manter um ambiente de água doce saudável que proteja os organismos aquáticos e a vida humana.

2.2.3 Metais pesados em peixes

Os peixes estão expostos a metais pesados venenosos descarregados no meio aquático por diversas actividades antropogénicas e fontes naturais. De acordo com Rahman et al. (2012), o envenenamento por metais pesados 13

A presença de metais pesados nos tecidos de peixes é uma questão crítica a nível mundial, uma vez que constitui uma ameaça para a população de peixes e apresenta riscos para a saúde dos consumidores de peixe. A avaliação dos níveis de metais pesados nos tecidos dos peixes é necessária para a gestão do ambiente de água doce e para o consumo de peixe pelos seres humanos. Ariyaee et al. (2015) relataram que a bioacumulação de metais pesados em peixes depende de diferentes factores, tanto factores ambientais externos como características dos peixes. Os factores associados aos peixes incluem o tamanho do peixe (comprimento e peso), a idade, a fisiologia do corpo e os hábitos alimentares, enquanto os factores ambientais externos incluem as propriedades físico-químicas da água, a concentração e a biodisponibilidade de metais pesados no meio aquático e os factores climáticos.

De acordo com Anim-Gyampo et al. (2013), os peixes são também um bioindicador adequado, uma vez que têm a capacidade de acumular metais pesados, têm uma vida útil longa, são fáceis de obter em grande quantidade e são simples de amostrar e de tamanho ideal para análise. Anim-Gyampo et al. (2013) explicaram ainda que os peixes podem ajudar-nos a estar conscientes do risco para o ambiente humano e de água doce porque são espécies sentinela e biomonitores da contaminação por metais pesados. Assim, a utilização de peixes cultivados e selvagens como biomonitores da poluição por metais pesados em ambientes de água doce está a tornar-se popular em todo o mundo. De acordo com Mansour e Sidky (2002), a área de acumulação de metais pesados nos peixes varia consoante o tipo de metal pesado, a espécie de peixe em causa e a via de absorção. A acumulação de contaminantes pode eventualmente atingir níveis centenas e milhares de vezes superiores aos medidos nos alimentos, na água e nos sedimentos. Por estas razões, Mansour e Sidky (2002) sublinharam que a monitorização dos tecidos dos peixes desempenha um papel vital como alerta precoce para problemas de qualidade da água ou contaminação dos sedimentos. Além disso, a monitorização da contaminação dos tecidos de peixe ajuda a identificar contaminantes no peixe que não são seguros para os consumidores e a tomar medidas adequadas para salvaguardar a saúde pública e o ecossistema aquático (Mansour e Sidky, 2002).

Com base nas funções e no tipo de estrutura dos tecidos dos peixes, o nível de acumulação de metais pesados é diferente. De acordo com Mansour e Sidky (2002), os tecidos metabolicamente activos, como o fígado, as brânquias e os rins, apresentam maiores acumulações de metais pesados do que outros tecidos, como os músculos e a pele. Verifica-se que a acumulação e a eliminação de metais pesados nos peixes são efectuadas pelas brânquias. Devido à sua capacidade de acumular metais pesados trazidos pelo sangue de outras partes, incluindo músculos e brânquias, o fígado e os rins tendem a acumular níveis máximos de metais pesados. De acordo com Tanee et al. (2013), o fígado dos peixes é mais frequentemente recomendado como indicador ambiental de poluição da água do que outros órgãos dos peixes. Isto deve-se possivelmente ao facto de o fígado conseguir acumular toxinas em níveis mais elevados a partir do seu ambiente.

As principais vias de absorção de metais pesados em organismos aquáticos são o consumo direto de alimentos ou partículas de sedimentos através do trato digestivo, se os metais pesados estiverem em formas particuladas, e a água através da epiderme e das brânquias, se os metais pesados estiverem em formas dissolvidas. São depois transportados para o interior das células através das membranas biológicas e dos canais iónicos (Ashish e Amitabh, 2014). De acordo com Gheorghe et al. (2017), muitos estudos demonstraram que o ião metálico hidratado livre é a forma mais biodisponível para o cobre, o cádmio, o zinco e o chumbo. As outras formas químicas de metais pesados dissolvidos formados com ligandos orgânicos adequados com baixo peso molecular foram relatadas por Chapman et al. (1998). Chapman et al. (1998) afirmam ainda que a presença de ligantes orgânicos aumenta a biodisponibilidade dos metais pesados nos mexilhões e peixes, facilitando a difusão do composto hidrofóbico na membrana lipídica. Os compostos orgânicos de metais pesados podem ser mais biodisponíveis e acumular-se na carne e nos órgãos dos organismos aquáticos do que as formas iónicas.

2.2.4 Bioacumulação de metais pesados

A bioacumulação é um processo em que uma substância química é absorvida num organismo por todas as vias de exposição, tal como acontece no ambiente natural. A bioacumulação é o resultado líquido de processos concorrentes de absorção de substâncias químicas pelo organismo através da superfície respiratória e da dieta e de eliminação de substâncias químicas do organismo, incluindo a troca respiratória, a ingestão fecal, a biotransformação metabólica do composto de origem e a diluição do crescimento (Arnot e Gobas, 2006). De acordo com Drexler et al. (2003), o fator de bioacumulação (BAF) é a razão entre a concentração de metal num organismo e a concentração no meio circundante, em estado estacionário.

Drexler et al. (2003) também definiram o Fator de Bioconcentração (BCF) como o rácio entre a concentração de metal num organismo e a concentração de metal na água, num estado estacionário. Drexler et al. (2003) explicaram que, embora os BAF e os BCF sejam geralmente calculados de forma semelhante, a interpretação é ligeiramente diferente, sendo a acumulação de metais nos organismos proveniente apenas da água, no caso dos BCF, e de fontes hídricas e alimentares, no caso dos BAF. No caso dos organismos aquáticos, os BAF são geralmente obtidos a partir de medições em ambientes naturais, enquanto os BCF são mais facilmente medidos em condições laboratoriais. A biomagnificação é um aumento da concentração de metais em todo o organismo, de um nível trófico inferior para um nível trófico superior, dentro da mesma cadeia alimentar. Além disso, segundo Drexler et al. (2003), a biomagnificação é expressa por um fator de biomagnificação (BMF) e é definida como o rácio entre a concentração de metais num organismo de um nível trófico superior e a concentração de metais de um organismo de um nível trófico inferior. Embora se presuma que um aumento da concentração de metais num nível trófico superior se deva ao consumo de presas que contêm metais, a biomagnificação é, na realidade, uma expressão das diferenças de metais em todo o organismo entre níveis tróficos devido à acumulação líquida de metais provenientes de todas as fontes ambientais (por exemplo, dieta, solo, água, ar).

No ambiente aquático, a especiação de metais tem um grande impacto na biodisponibilidade e na acumulação de metais pesados. De acordo com Florence (1986), a biodisponibilidade, a toxicidade e a mobilidade dos metais pesados dependem mais da sua especiação do que das suas concentrações totais na água, pelo que a especiação dos metais pesados se tornou uma informação importante nos impactos geoquímicos e ecotoxicológicos dos metais no ambiente. Para que os metais pesados sejam tóxicos para os organismos, têm de estar disponíveis para serem absorvidos ou biodisponíveis. De acordo com os relatórios de Luoma (1983), as espécies químicas metálicas mais tóxicas são os iões livres e os pequenos complexos metálicos, sendo estas formas biodisponíveis propostas como as principais formas incorporadas por organismos aquáticos como os peixes. No entanto, estes metais também podem ser incorporados através da dieta. Neste contexto, os processos digestivos e as condições químicas prevalecentes no trato digestivo dos peixes (pH, tempo de digestão, estado redox) determinam se os metais não biodisponíveis no ambiente externo são absorvidos e assimilados pelo epitélio gastrointestinal.

2.3 Bacia hidrográfica do Alto Ramu

Acima da albufeira de Yonki existem seis sub-bacias principais que drenam para o rio Ramu e para a albufeira. Aimontina Creek e Ornapinka River juntam-se ao rio Ramu a partir do norte, enquanto Akwitana Creek, Norikori Creek e Omaura Creek drenam a partir do sul, e o rio Puri drena diretamente para a albufeira a partir do leste. O riacho Yonki junta-se ao Ramu a partir do oeste, entre a barragem e a central eléctrica, como mostra a Figura 1 (Trangmar et al., 1995).

O padrão de precipitação na albufeira de Yonki e na bacia hidrográfica superior de Ramu é moderadamente sazonal, com estações húmidas e secas distintas. As chuvas fortes e fiáveis ocorrem de novembro a abril. Na estação húmida, os totais médios mensais variam entre cerca de 150-300 mm. Em contrapartida, na estação seca, os totais mensais médios são frequentemente inferiores a 100 mm. Os totais mensais na estação húmida podem atingir mais de 500 mm, e na estação seca podem ser tão baixos como 5 mm. Em média, dois terços da precipitação anual ocorrem nos seis meses de novembro a abril, quando a precipitação é carateristicamente mais forte e mais frequente (Wau et al., 1992).

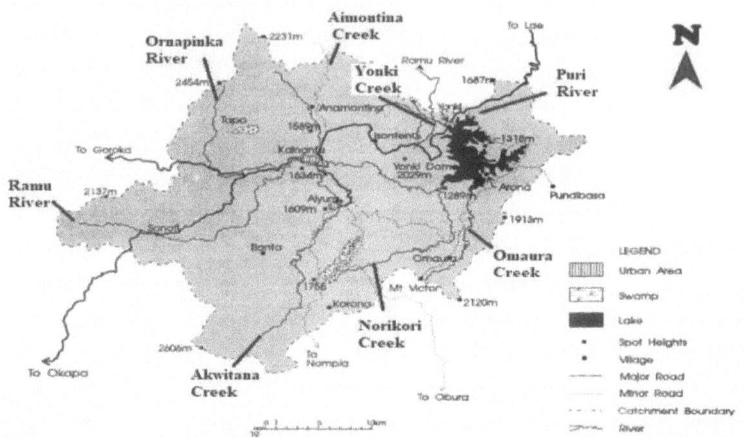

Figura 1: Mapa de Localização - Bacia Hidrográfica do Alto Ramu *Fonte: Trangmar et al., (1995).*

2.4 Espécies de peixes na albufeira de Yonki

Desde a entrada em funcionamento da barragem, a albufeira de Yonki suporta uma grande diversidade de espécies de peixes introduzidas, como a carpa de Java *(Puntius goniontus), o* veado dourado *(Tor putitora),* a truta das neves *(Schizothorax richarsonii), a* carpa comum *(Cyprinus carpio),* meixão (*Acrossochelus hexagonolepis),* tilápia-do-peito-vermelho *(Tilapia rendalli),* tilápia de Moçambique (*Oreochromis mossambicus*) e tilápia geneticamente melhorada de viveiro, GIFT *(Oreochromis niloticus)* (Hair et al., 2006). De acordo com Hair et al. (2006), a carpa comum *Cyprinus carpio*, a tilápia do peito vermelho *rendalli* e a tilápia de Moçambique *Oreochromis mossambicus* foram introduzidas no reservatório de Yonki em 1998.

Hair et al. (2006) relatou ainda que em maio de 1999, a tilápia GIFT (*Oreochromis niloticus*) foi transportada para Aiyura para quarentena das Filipinas propositadamente para aquacultura. Em 2001, os investigadores das pescas da Eastern Highlands Province (EHP) testaram a tilápia GIFT em jaulas no reservatório de Yonki com excelentes resultados. Nesse mesmo ano, os alevins de tilápia GIFT foram introduzidos no reservatório de Yonki. Devido às suas características invasivas e à capacidade de resistir a condições ambientais adversas, a carpa comum, o peito vermelho, a tilápia de Moçambique e a tilápia GIFT deslocaram outras espécies de peixes introduzidas e nativas. Além disso, com base nos estudos de Hair et al. (2006), a tilápia GIFT está agora a rivalizar com outras espécies de peixes devido à sua capacidade de reprodução e rápida taxa de crescimento. Estas diferentes variedades de espécies de peixes estenderam-se a todos os cantos da albufeira e tornaram-se uma fonte de rendimento e uma importante fonte de proteínas para as comunidades rurais próximas.

Segundo Sammut et al. (2022), a carência de proteínas é um dos principais problemas de saúde da população da Papuásia-Nova Guiné, porque a maioria dos papuásios consome grandes quantidades de hidratos de carbono e não satisfaz as necessidades diárias de proteínas. Além disso, cerca de 80% dos papuásios ganham menos de 1 dólar por dia, o que reduz a sua capacidade de comprar proteínas, para além de sustentar outros serviços e necessidades básicas. Consequentemente, os distúrbios nutricionais são predominantes na Papua-Nova Guiné. De acordo com os estudos de Boseto (2005) e Sammut et al. (2022) sobre a pesca na albufeira de Yonki, estes revelaram que as capturas de peixe de água doce constituem uma parte importante da dieta das populações das comunidades da albufeira de Yonki. É inegável que o peixe é a principal fonte de proteína animal para as aldeias em redor da zona da albufeira de Yonki e para os viajantes que param para comer peixe assado.

2.5 Actividades antropogénicas na bacia hidrográfica superior do Ramu

2.5.1 Exploração mineira

O Monte Victor é uma mina abandonada localizada na parte superior da bacia hidrográfica do Ramu, perto da ribeira de Omaura. Tratava-se de uma mina de grandes dimensões, mecanizada e a céu aberto, que envolvia a escavação de grandes volumes de solo, regolito e materiais rochosos. De acordo com Trangmar et al. (1995), foram criados depósitos de entulho, sendo alguns materiais despejados diretamente nos cursos de água. Foram criadas várias zonas de corte íngreme e bancadas com áreas onde foi deixado à superfície material rico em pirites. Este material oxida, produzindo um solo muito ácido (drenagem ácida de minas) que é difícil de regenerar. Os resíduos foram despejados nos cursos de água em dois locais onde ambos os cursos de água desaguam em Omaura Creek. Um dos locais é imediatamente adjacente à área de bancada da mina, o outro fica a cerca de 100 metros da estrada de Mount Victor. A velocidade a que os materiais são erodidos e entram nos cursos de água depende da frequência das chuvas erosivas. É possível que grandes volumes de material se desloquem num grande evento de chuva (Trangmar et al., 1995). O riacho Omaura flui das proximidades da mina de Mount Victor e entra diretamente na barragem de Yonki.

O riacho Omaura é também o local de extração mineira aluvial onde até 300 pessoas participam na extração, mas a atividade é intermitente (Trangmar et al., 1995). Outros locais de extração aluvial incluem Namura, ao longo do rio Ornapinka, o rio Ramu e as cabeceiras do riacho Aimontina, perto das aldeias de Bilimoya. De acordo com Trangmar et al. (1995), os mineiros que trabalham com paus e pás de escavação movem cada um cerca de 1 m³ de sedimentos por dia dos leitos dos rios e ao longo das margens dos rios (Trangmar et al., 1995). A extração de ouro aluvial e a mina abandonada de Mount Victor expõem materiais rochosos ricos em pirites ao clima, criando a drenagem ácida de minas (DAM). De acordo com Stumm et al. (1996), a DAM é causada pela meteorização de minerais como o dissulfureto de ferro (FeS_2), vulgarmente conhecido como pirite, pela água e pelo oxigénio. Quando a pirite é exposta à água e ao oxigénio, as reacções de oxidação e hidrólise produzem ácido sulfúrico (H_2SO_4) e iões de hidrogénio livres (H+), acidificando a água. A baixa acidez dissolve e liberta outros metais, incluindo metais pesados do solo e de materiais rochosos, contaminando assim o ambiente aquático.

2.5.2   Agricultura e silvicultura

O café é uma das principais culturas de rendimento cultivadas na bacia hidrográfica. A plantação de café Arábica tem sido cultivada no Alto Ramu desde o início dos anos 50 e cobre atualmente cerca de 3% da área

(Holloway, 1978). O café é cultivado principalmente sob árvores de sombra Casuarina. Outras culturas arbóreas, como os citrinos, foram recomendadas e experimentadas em pequenas áreas na bacia hidrográfica (Anon, 1985). Uma pequena área de produção comercial de citrinos está atualmente em desenvolvimento perto de Kainantu e nas margens do reservatório de Yonki. A silvicultura de plantações não é uma utilização importante da terra na bacia hidrográfica, sendo a única floresta significativa a Norikori Planation, propriedade do Departamento Florestal, que contém espécies de árvores *Pinus caribaea* (Trangmar et al., 1995). Estas plantações libertam metais pesados da aplicação de fertilizantes e pesticidas, que são depois lixiviados para os cursos de água durante a estação das chuvas.

Os adubos P, como os adubos de superfosfato, contêm elevados níveis de contaminantes de metais pesados, como o cádmio, o cobre, o chumbo, o zinco, o crómio e o níquel. Para além dos adubos P, os adubos com sulfato de cobre, sulfato de ferro e sulfato de zinco também contêm contaminantes de metais pesados, incluindo chumbo (Gimeno-Garciaa et al., 1996). De acordo com um estudo efectuado por Wei et al. (2020) a partir de experiências em estufa, observou-se que a aplicação repetida de fertilizantes químicos aumentava significativamente a acumulação de vários metais pesados no solo. As matérias-primas utilizadas no fabrico de fertilizantes inorgânicos, como as rochas fosfatadas (fosforite) para a produção de fertilizantes P (Al-Shawi et al., 1999) e a potassa extraída de minas utilizada na produção de fertilizantes K (Paz et al., 2008), são a principal fonte de contaminação dos fertilizantes por metais pesados.

Os pesticidas são constituídos por compostos orgânicos ou inorgânicos tóxicos para os organismos visados. A análise destes compostos mostrou que alguns dos pesticidas contêm metais pesados, quer como ingredientes activos, quer como impurezas nas formulações (IUPAC, 2007). De acordo com a IUPAC (2007), os metais pesados mais frequentemente encontrados nos ingredientes activos dos pesticidas incluem o cobre, o arsénio, o chumbo, o

mercúrio, crómio, zinco, alumínio, lítio, bário, boro e titânio. Além disso, de acordo com Defarge et al. (2018), os metais pesados contaminam os produtos pesticidas durante o processo de fabrico, enquanto alguns deles são intencionalmente adicionados como nano pesticidas para aumentar a eficácia.

2.5.3 Esgotos e resíduos sólidos urbanos

A carga de sedimentos é o único aspeto da qualidade da água que foi estudado em pormenor no Alto Ramu, principalmente devido à sua importância em relação à perda de armazenamento da albufeira (Wau et al., 1992). A descarga de esgotos de casas e instituições, incluindo resíduos sólidos em cursos de água na bacia do Alto Ramu, não foi estudada. No entanto, Wau et al. (1992) identificaram várias questões relacionadas com a qualidade biológica e química da água, tais como as necessidades de abastecimento de água e a eliminação de resíduos. Estas questões são particularmente importantes durante a estação seca, quando os caudais dos rios são baixos. O seu relatório reconhece claramente a necessidade de gerir estas questões, especialmente através da melhoria do tratamento e eliminação de resíduos sólidos e esgotos, uma vez que estas cidades e estações (Kainantu, Aiyura, SIL, Kassam e Yonki township) não têm capacidade para recolher, tratar e eliminar de forma segura os resíduos municipais e esgotos.

O abastecimento de água de boa qualidade tornar-se-á provavelmente cada vez mais importante se a população das zonas urbanas aumentar. Atualmente, apenas uma pequena percentagem da população dispõe de abastecimento de água canalizada e tratada. De acordo com Wau et al. (1992), a qualidade da água na bacia hidrográfica de Kainantu (uma cidade perto da bacia hidrográfica superior de Ramu) tem sido frequentemente afetada negativamente pela eliminação de resíduos no ribeiro e pelos efeitos das actividades agrícolas. Os resíduos sólidos urbanos (RSU) incluem vários tipos de materiais residuais, como restos de comida, embalagens, papel, plásticos, vidro, têxteis e outros objectos. De acordo com Dahlen e Lagerkvist (2008), os RSU podem também conter quantidades significativas de metais pesados, que podem representar riscos para o ambiente e para a saúde. Os RSU, incluindo artigos de uso diário como pilhas, aparelhos electrónicos, produtos de limpeza e cosméticos, podem contribuir para a poluição por metais pesados se não forem eliminados de forma adequada. Estes artigos contêm frequentemente metais como o chumbo, o mercúrio e o cádmio, que podem contaminar o fluxo de resíduos e, subsequentemente, o ambiente aquático. Para além disso, os esgotos podem também conter uma variedade de substâncias orgânicas e inorgânicas,

incluindo nutrientes, metais pesados, agentes patogénicos e produtos químicos sintéticos. As águas residuais podem conter metais pesados provenientes de fontes industriais e domésticas. A eliminação incorrecta das águas residuais pode introduzir metais pesados no ambiente, potencialmente contaminando o solo e os recursos hídricos (Singh e Agrawal, 2008).

3.0 MATERIAIS E MÉTODOS

3.1 Local de estudo

3.1.1 Descrição da área de estudo

O estudo foi efectuado na barragem de Yonki e ao longo dos cursos de água na bacia hidrográfica do Alto Ramu (figura 2). Em 1991, a barragem e a albufeira de Yonki foram construídas propositadamente para produzir eletricidade para as terras altas e as províncias costeiras da PNG. A barragem e a albufeira estão situadas no distrito de Kainantu, na província das Terras Altas Orientais, a cerca de 101 quilómetros da cidade de Goroka, na província das Terras Altas Orientais, e a cerca de 3 horas de carro pela autoestrada das Terras Altas, a partir de Lae, na província de Morobe. Abrange uma área de 2.200 hectares e tem uma capacidade de retenção de 332 milhões de metros cúbicos de água, situando-se a cerca de 1.260 metros acima do nível do mar.

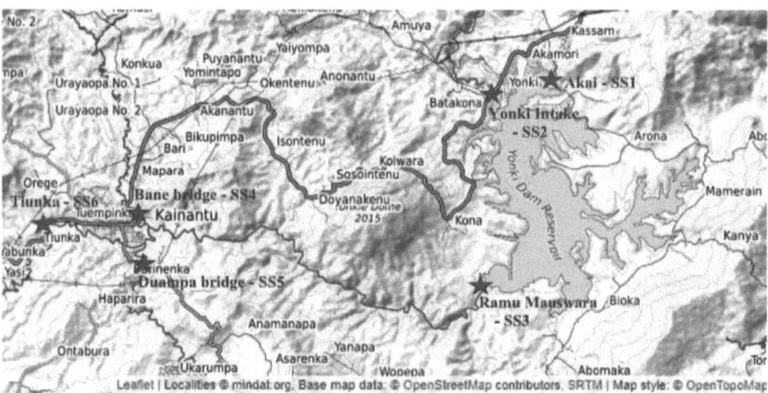

Figura 2: Mapa da albufeira de Yonki e da bacia hidrográfica do Alto Ramu com as estações de amostragem. *Fonte do mapa: mindat.org*

A margem da água tem um comprimento de 50 - 60 quilómetros com cerca de 14.000 nativos a viverem num raio de 6 quilómetros do reservatório (Hair et al., 2006). De acordo com Kapia et al. (2016), a área de estudo está posicionada entre as coordenadas geográficas

006° S e 146° E e compreende o reservatório de Yonki e os riachos superiores na bacia hidrográfica de Ramu que drenam para o reservatório (Figuras 1 e 2).

3.1.2 Conceção da amostragem

Foram identificadas seis estações de amostragem, algumas das quais correspondem a áreas que estavam em contacto com o máximo de perturbações antropogénicas decorrentes de actividades de extração de ouro aluvial e de eliminação de resíduos industriais e domésticos. As estações de amostragem foram assinaladas no mapa apresentado na Figura 2 e as fotografias do local constam do Apêndice C. Foram recolhidas amostras de sedimentos e de águas superficiais em 6 estações de amostragem da albufeira (SS1 - SS3) e ao longo dos cursos de água na bacia superior (SS4 - SS6). As actividades de pesca foram limitadas à albufeira, pelo que as amostras de peixe foram recolhidas nas estações de amostragem 2 (SS2) e 3 (SS3). As actividades ao longo dos cursos de água que incentivaram a seleção das estações de amostragem estão listadas na Tabela 1.

Table 1: Selection of Sampling stations

Sampling Station	Location	Site Descriptions	Activities upstream
1	Akai	Mouth of Puri River where it drains into Yonki Reservoir	Kassam station - sewage, municipal waste
2	Yonki Intake	Yonki Dam bridge and reservoir spill way	Yonki township - municipal waste, runoffs from pavement
3	Ramu Mauswara	Mouth of Ramu River where upper streams drains into the reservoir	Kainantu township - sewage, municipal waste
4	Bane Bridge	Road bridge downstream of Aimontina Creek	Alluvial mining up-stream
5	Duampa Bridge	Road bridge downstream of Akwitana Creek	Aiyura/SIL - sewage, municipal waste, coffee factories, agricultural plantations
6	Tiunka	Downstream where Ornapinka River meets Ramu River	Alluvial mining area up-stream

As medições de campo para parâmetros físico-químicos, águas superficiais e amostras de sedimentos foram efectuadas duas vezes nas seis estações de amostragem. A primeira viagem de amostragem foi em abril de 2023 (estação húmida) e a segunda viagem de amostragem foi em agosto de 2023 (estação seca). Foram recolhidas um total de 12 amostras de água e 12 amostras de sedimentos. As amostras de peixes foram recolhidas apenas uma vez, no mês de junho de 2023, durante a estação seca. Duas espécies de peixe, a carpa comum *(Cyprinus carpio)* e a estirpe de tilápia geneticamente melhorada, GIFT *(Oreochromis niloticus)* foram seleccionadas devido à sua abundância no reservatório e no mercado de peixe. As amostras de peixes foram coletadas nas estações de amostragem 2 (Yonki Intake) e 3 (Ramu Mauswara). A Tabela 2 mostra a matriz de amostragem e o plano de coleta de amostras.

Table 2: Sample collection plan

Sampling Station	Location	Sample Matrix							
		Wet Season Sampling (April)		Dry Season Sampling (August)		Fish, Common Carp		Fish, GIFT tilapia	
		Surface Water	Sediments	Surface Water	Sediments	Organs	Muscles	Organs	Muscles
1	Akai	1	1	1	1				
2	Yonki Intake	1	1	1	1	1	1	1	1
3	Ramu Mauswara	1	1	1	1	1	1	1	1
4	Bane Bridge	1	1	1	1				
5	Duampa Bridge	1	1	1	1				
6	Tíunka	1	1	1	1				
	Total:	6	6	6	6	2	2	2	2

3.2 Recolha e tratamento de amostras

3.2.1 Amostragem e tratamento de água

A amostragem da água foi efectuada de acordo com o procedimento ilustrado pela Agência de Proteção Ambiental dos EUA (USEPA, 1997). As amostras de água das seis (6) estações de amostragem foram recolhidas em garrafas de plástico de polietileno de alta densidade (HDPE) de 1 litro. Antes de recolher as amostras, as garrafas de amostragem foram lavadas com ácido nítrico a 10% e enxaguadas com água destilada. As amostras foram então recolhidas por imersão direta do frasco de amostragem na água corrente. Imediatamente após a recolha, as amostras de água foram acidificadas até um pH < 2, adicionando ácido nítrico a 10% (HNO_3) para reduzir a adsorção de metais pesados nas paredes das garrafas de plástico (apêndice A). Os frascos de amostras foram então etiquetados para indicar a data e a hora da amostragem e a estação de amostragem. As amostras de água foram então mantidas numa caixa de gelo, transportadas para o laboratório e armazenadas a 4 °C até serem analisadas.

3.1.1 Amostragem e tratamento de sedimentos

As amostras de sedimentos de seis estações de amostragem foram obtidas através da recolha de sedimentos em placas de plástico firmes a partir da superfície do fundo (2-5 centímetros de profundidade). Foram obtidas aleatoriamente três garras de sedimentos a 10 metros de distância e uma amostra composta foi preparada removendo grandes pedaços de pedras, homogeneizada e transferida para sacos de polietileno limpos, tal como descrito por Shelton e Capel (1994). Os sacos de polietileno foram então etiquetados para indicar a data e a hora da amostragem, bem como a estação de amostragem. As amostras foram armazenadas numa caixa de gelo e levadas para o laboratório. No laboratório, as amostras de sedimentos foram secas ao ar à temperatura ambiente, misturadas e esmagadas com um pilão e um almofariz para homogeneizar. As amostras homogeneizadas foram passadas por uma peneira de 0,2 mm e depois acondicionadas em recipientes limpos antes da digestão e análise.

3.1.2 Amostragem e tratamento de peixes

A carpa comum *Cyprinus carpio* e a tilápia GIFT *Oreochromis niloticus* foram capturadas em duas estações de amostragem com redes de emalhar por pescadores locais (Anexo B). Um total de 10 Tilápias e 10 Carpas Comuns, 5 de cada uma das duas estações, foram seleccionadas aleatoriamente das capturas dos pescadores. Os espécimes de peixe recolhidos foram imediatamente guardados em sacos de polietileno limpos, selados, etiquetados com a indicação da estação de amostragem, hora e data, mantidos na caixa de gelo e transportados para o laboratório. No laboratório, foram registados o comprimento (cm) e o peso (gramas). De acordo com o procedimento descrito por Kapia et al. (2016), os espécimes de peixe foram lavados com água desionizada e dissecados nos seus órgãos (intestinos, estômago e fígado) e músculos com uma faca de aço inoxidável limpa e uma tábua de corte de plástico. O conteúdo do estômago foi cuidadosamente lavado com água desionizada. Os músculos e os órgãos dos espécimes de peixe foram embalados separadamente em sacos de plástico de polietileno limpos para cada espécie de peixe e liofilizados durante a noite.

3.2 Medições de campo

Os parâmetros físico-químicos como o pH, a temperatura, o TDS e a condutividade eléctrica foram medidos na estação de amostragem durante o período de recolha de amostras entre as 7 e as 12 horas. Para os testes físico-químicos, foi utilizado um medidor portátil Hach HQ40d ligado a duas sondas, a sonda de pH Hach IntelliCAL PHC301 e a sonda de condutividade Hach IntelliCAL CDC401. Os procedimentos de ensaio foram os descritos no Manual do Utilizador (2021). As duas sondas foram também calibradas de acordo com as instruções fornecidas com o Manual do Utilizador (2021).

A sonda de pH Hach IntelliCAL PHC301 foi calibrada com soluções tampão de pH 4, pH 7 e pH 10. As soluções tampão de pH foram preparadas em diferentes copos. O orifício de enchimento da sonda foi aberto e o sensor da sonda foi lavado com água desionizada e seco com um pano que não largue pêlos. A sonda foi então introduzida no primeiro tampão de pH (pH 4), certificando-se de que o sensor e a junção de referência estavam completamente submersos na solução tampão. A sonda foi agitada de um lado para o outro para refrescar a junção de referência e remover as bolhas de ar. Enquanto agitava suavemente, o botão de leitura do medidor foi premido para efetuar a leitura. Quando a leitura estabilizou, o visor apresentou a leitura do pH corrigido pela temperatura. Este procedimento foi repetido para os tampões de pH 7 e pH 10. Quando todas as soluções foram concluídas, seleccionou-se o botão "Done" e "save" no medidor para concluir a calibração.

A sonda de condutividade Hach IntelliCAL CDC401 foi calibrada utilizando uma solução salina padrão (cloreto de sódio). A solução padrão de condutividade de cloreto de sódio foi preparada num copo. A sonda foi lavada com água desionizada e seca com um pano que não largue pêlos. A sonda foi então mergulhada na solução padrão, certificando-se de que o sensor estava completamente submerso. A sonda foi agitada de um lado para o outro para remover as bolhas de ar. Enquanto se agitava suavemente, o botão de leitura do medidor foi premido para efetuar a leitura. Quando a leitura estabilizou, o visor apresentou a calibração completa com um sinal de "Ok". Seleccionou-se o botão "Done" e "save" no medidor para concluir a calibração.

3.2.1 pH

O pH das águas superficiais foi medido no local utilizando o medidor portátil Hach HQ40d e a sonda de pH Hach IntelliCAL PHC301. O orifício de enchimento da sonda PHC301 foi aberto enquanto a sonda era lavada com água desionizada e seca com um pano que não largue pêlos. A amostra de água foi recolhida numa garrafa de plástico limpa fornecida com o kit de teste e a sonda foi baixada para a garrafa de amostra com o sensor e a junção de referência totalmente submersos na amostra. A sonda foi agitada de um lado para o outro para refrescar a junção de referência e remover as bolhas de ar. Enquanto agitava suavemente, o botão de leitura do medidor foi premido para efetuar a leitura. Quando a leitura estabilizou, o visor apresentou as leituras de pH com compensação de temperatura para a amostra. De forma semelhante, o teste de pH foi efectuado nas outras estações de amostragem.

3.2.2 Temperatura

A temperatura da água de superfície foi medida no local utilizando o medidor portátil Hach HQ40d e a sonda de pH Hach IntelliCAL PHC301. O orifício de enchimento da sonda

PHC301 foi aberto enquanto a sonda era lavada com água desionizada e seca com um pano que não largue pêlos. A amostra de água foi recolhida numa garrafa de plástico limpa fornecida com o kit de teste e a sonda foi baixada para a garrafa de amostra com o sensor e a junção de referência totalmente submersos na amostra. A sonda foi agitada de um lado para o outro para refrescar a junção de referência e remover as bolhas de ar. Enquanto se agitava suavemente, o botão de leitura do medidor foi premido para efetuar a leitura. Quando a leitura estabilizou, o visor apresentou a leitura da temperatura em graus Celsius (^{0}C). De forma semelhante, o teste de temperatura foi efectuado nas outras estações de amostragem.

3.2.3 Condutividade eléctrica

A condutividade eléctrica das águas superficiais foi medida no local utilizando o medidor portátil Hach HQ40d e a sonda de condutividade Hach IntelliCAL CDC401. A sonda foi lavada com água desionizada e seca com um pano que não largue pêlos. A amostra de água foi recolhida numa garrafa de plástico limpa fornecida com o kit de teste e a sonda foi baixada para a garrafa de amostra com o sensor totalmente submerso na amostra. A sonda foi agitada de um lado para o outro para remover as bolhas de ar. Enquanto se agitava suavemente, o botão de leitura do medidor foi premido para efetuar a leitura. Quando a leitura estabilizou, o visor apresentou a leitura da condutividade eléctrica em micro Siemens por centímetro (μS cm-1). De forma semelhante, o teste de condutividade eléctrica foi efectuado nas outras estações de amostragem.

3.3.4 Sólidos totais dissolvidos

O TDS nas águas superficiais foi medido no local utilizando o medidor portátil Hach HQ40d e a sonda de condutividade Hach IntelliCAL CDC401. A sonda foi lavada com água desionizada e seca com um pano sem fiapos. A amostra de água foi recolhida numa garrafa de plástico limpa e a sonda foi introduzida na garrafa de amostra com o sensor totalmente submerso na amostra. A sonda foi agitada de um lado para o outro para remover as bolhas de ar. Enquanto se agitava suavemente, premiu-se o botão de leitura do medidor para efetuar a leitura. Quando a leitura estabilizou, o visor apresentou as leituras de TDS em miligramas de sólidos dissolvidos por litro de água (mg/L). De forma semelhante, o teste de TDS foi efectuado nas outras estações de amostragem.

3.4 Análises laboratoriais

3.4.1 Digestão de amostras de água

Para a determinação de metais pesados em amostras de água, os procedimentos foram os descritos no método 1640 da USEPA (1997). Uma alíquota de 100 mL de uma amostra bem misturada e conservada em ácido foi pipetada para um copo de 250 mL, 2 mL (1+1) de ácido nítrico foram adicionados ao copo e colocados na placa quente para digestão. A placa de aquecimento foi instalada numa hotte e ajustada de modo a permitir a evaporação a uma temperatura de aproximadamente 85 ± 5^0 C. O volume da alíquota da amostra foi reduzido para cerca de 20 mL por aquecimento suave a 85 ± 5^0 C sem ebulição. O copo foi coberto com um vidro de relógio para reduzir a evaporação adicional e foi refluxado durante mais 30 minutos. Deixou-se arrefecer o copo e filtrou-se a amostra. O filtrado foi transferido quantitativamente para um balão volumétrico de 100 ml e completado o volume com água desionizada ultrapura. Para a determinação de mercúrio, as amostras de água doce foram adicionadas com 2 mL de estoque de conservante de ouro (100 µg/L de estoque de ouro) para preservar o mercúrio e evitar que ele se precipite em 28

o sistema de introdução de amostras durante a análise da amostra (Creed et al., 1994). As amostras preparadas foram analisadas por um espetrómetro de massa com plasma de acoplamento indutivo (ICP-MS).

3.4.2 Digestão de amostras de sedimentos

Para a digestão das amostras de sedimentos, foi utilizado o procedimento descrito por Black et al. (2013). 1,0 grama de amostras de sedimentos secas ao ar e misturadas foram pesadas num recipiente de digestão e adicionadas com 10 mL de Aqua regia (mistura de ácido HCl e ácido HNO3 na proporção de 3:1). A pasta foi misturada e deixada a repousar durante a noite sob condições de refluxo na hotte. As amostras foram então aquecidas numa placa quente a 95 ± 5^0 C e refluxadas durante 2 horas, cobertas com um vidro de relógio. Deixou-se arrefecer as amostras e adicionou-se mais 4 mL de água régia, tapou-se e refluxou-se durante cerca de 10 minutos. Quando não havia um ponto final incolor claro, as amostras foram arrefecidas à temperatura ambiente, filtradas e transferidas quantitativamente para um balão volumétrico de 100 mL e diluídas com água desionizada ultrapura até à marca. Para a determinação do mercúrio, as amostras de sedimento foram adicionadas com 2 mL de estoque conservante de ouro (100 µg/L de solução estoque de ouro) para preservar o mercúrio nas amostras (Creed et al., 1994). As amostras preparadas foram analisadas por um Espectrómetro de Massa de Plasma de Casal Indutivo (ICP-MS).

3.4.3 Digestão de amostras de tecido de peixe

Os espécimes liofilizados de músculos e órgãos das duas espécies de peixes *(Cyprinus carpio* e *Oreochromis niloticus)* foram descongelados à temperatura ambiente do laboratório. As amostras de peixe foram homogeneizadas num misturador até passarem por um peneiro de 0,2 mm e digeridas com ácido com Aqua regia (mistura de ácido HCl e ácido HNO_3 na proporção de 3:1). Foram pesados 1,0 grama de amostras homogeneizadas e transferidos para o copo de digestão ao qual foram adicionados

10 mL de solução de água régia. As amostras foram deixadas a repousar durante a noite em condições de refluxo na hotte.

As amostras foram então aquecidas numa placa quente a 95 ± 5^0 C e refluxadas durante 2 horas, cobertas com um vidro de relógio. Deixou-se arrefecer as amostras e adicionou-se 4 mL de água régia, tapou-se e 29

refluxo durante cerca de 10 minutos. Quando não houve ponto final incolor claro, as amostras foram resfriadas à temperatura ambiente, filtradas e transferidas quantitativamente para um balão volumétrico de 100 mL e diluídas com água deionizada ultrapura até a marca (Black et al., 2013). Para a determinação de mercúrio, as amostras de peixe foram adicionadas com 2 mL de caldo conservante de ouro (100 µg/L de caldo de ouro) (Creed et al., 1994). As amostras preparadas foram analisadas por um Espectrómetro de Massa de Plasma de Casal Indutivo (ICP-MS).

3.4.4 Análise de amostras por ICP-MS

A análise dos metais pesados cádmio, cobre, crómio, arsénio, chumbo, mercúrio, zinco e níquel em águas superficiais, tecidos de peixes e sedimentos foi efectuada utilizando o espetrómetro de massa com plasma indutivamente acoplado (ICP-MS), modelo Agilent 7900, quadrupolo triplo. A sequência de análise é a seguinte: otimização do instrumento, verificação dos brancos de reagentes, calibração do instrumento e verificação da calibração, análise das amostras e análise dos duplicados das amostras de controlo de qualidade e dos brancos.

A otimização do instrumento foi efectuada utilizando as instruções do fabricante para otimizar o desempenho do instrumento. Estas incluem o fluxo de gás do nebulizador, a tensão do detetor e da lente, a potência de avanço da radiofrequência e a calibração da massa. Após a otimização, o instrumento foi calibrado utilizando uma gama adequada de padrões de calibração. Foram utilizadas técnicas de regressão adequadas para determinar as curvas de calibração para cada analito. Imediatamente após a calibração, foram executados padrões de verificação da calibração inicial para verificar a exatidão. Depois de o instrumento estar optimizado, calibrado e verificado, procedeu-se à análise das amostras, dos duplicados de amostras e dos espaços em branco. Após a análise, a concentração de metais pesados nas amostras foi recuperada a partir da porta de saída de dados do instrumento (computador), depois de os cálculos terem sido efectuados e verificados com amostras duplicadas de controlo de qualidade e amostras em branco (APHA. 2012).

3.5 Análise de dados

A avaliação da concentração de metais pesados foi efectuada através da comparação dos resultados com os valores de referência para o teor de metais pesados nos tecidos dos peixes, nas águas superficiais e nos sedimentos. As normas utilizadas neste estudo foram as da Agência de Proteção Ambiental dos Estados Unidos (USEPA, 1986), da Organização Mundial de Saúde (OMS, 1984; OMS, 2000; OMS, 2011), do Conselho Ambiental e de Conservação da Austrália e da Nova Zelândia (ANZECC, 2013) e da Autoridade Alimentar da Austrália e da Nova Zelândia (ANZFA, 2015). A análise de variância de uma via (ANOVA) foi realizada em parâmetros físico-químicos, águas superficiais e sedimentos para verificar se havia diferença significativa ($P < 0,05$) na concentração de metais pesados durante a estação húmida e seca. Uma calculadora de desvio padrão online (Calculator Soup, 2006) e uma calculadora de análise de variância unidirecional (Good Calculators, 2015) foram usadas para a análise estatística.

Foi avaliado o índice de geo-acumulação (Igeo) para os metais pesados nos sedimentos. Originalmente definido por Muller (1979), o índice de geo-acumulação é um critério comum para avaliar a poluição por metais pesados nos sedimentos, comparando as concentrações actuais com as concentrações não perturbadas. O índice de geo-acumulação é definido pela equação 1.

$$I_{geo} = \log_2 \frac{C_n}{B_n \times 1.5} \tag{1}$$

Onde C_n é a concentração do metal pesado analisado no sedimento, e B_n é o valor geoquímico de referência do metal na crosta terrestre, sendo 1,5 o valor utilizado para reduzir o efeito das variações dos valores de fundo que podem estar associados ao efeito litogénico.

Table 3: Classification of Geo-accumulation Index (Muller, 1979)		
Index Class	**I_{geo} Value**	**Level of Contamination Classification**
0	$I_{geo} \leq 0$	Uncontaminated
1	$0 \leq I_{geo} \leq 1$	Uncontaminated to moderately Contaminated
2	$1 \leq I_{geo} \leq 2$	Moderately contaminated
3	$2 \leq I_{geo} \leq 3$	Moderately to heavily (strongly) Contaminated
4	$3 \leq I_{geo} \leq 4$	Heavily (strongly) contaminated
5	$4 \leq Igeo \leq 5$	Heavily (strongly) to extremely contaminated
6	$5 < I_{geo}$	Extremely contaminated

Além disso, o nível de contaminação por metais pesados pode ser agrupado em sete categorias, como mostra o Quadro 3.

O fator de bioacumulação (BAF) foi também calculado a partir de metais pesados em amostras de águas superficiais e de peixes. O BAF revela o grau de enriquecimento de um metal pesado num organismo em relação ao seu habitat. Arnot e Gobas (2006) definiram o BAF como "o rácio entre o contaminante num organismo e a concentração no ambiente ambiente num estado estacionário, em que o organismo pode absorver o contaminante através da ingestão com os seus alimentos, bem como através do contacto direto". O fator de bioacumulação foi calculado de acordo com Arnot e Gobas (2006) e é definido pela equação 2.

$$BAF = \frac{C_m}{C_w} \qquad (2)$$

Em que C_m é a concentração de metais pesados no músculo do organismo, C_w é a concentração de metais na água. Além disso, o BAF é classificado em: menos bioacumulativo (BAF < 1 000), bioacumulativo (1 000 < BAF < 5 000) e altamente bioacumulativo (BAF > 5000) (Arnot e Gobas, 2006)

4.0 RESULTADOS E DISCUSSÃO

Esta secção apresenta os resultados dos parâmetros físico-químicos e das concentrações de metais pesados nas águas superficiais e nos sedimentos durante as estações húmida e seca. Além disso, são apresentadas as concentrações de metais pesados em duas espécies de peixes comuns seleccionadas *(Cyprinus carpio* e *Oreochromis niloticus)*. Os resultados são discutidos e são feitas comparações entre a estação húmida e a estação seca e outros estudos semelhantes.

4.1 Parâmetros físico-químicos das águas superficiais

As medições de campo dos parâmetros físico-químicos foram efectuadas durante a estação das chuvas (abril) e a estação seca (agosto). Os valores médios de pH, temperatura, condutividade eléctrica e sólidos totais dissolvidos (TDS) para as estações húmida e seca são apresentados na tabela 4.

Os resultados (tabela 4) mostraram valores médios de pH $7,24 \pm 0,45$ com um intervalo de 6,84 - 8,11, temperatura $22,6 \pm 1,8^0$ C com um intervalo de 21,1 - $25,4^0$ C, condutividade eléctrica $73,9 \pm 15,2$ μS cm^{-1} com um intervalo de 44,2 - 85,8 μS cm^{-1} e TDS $36,5 \pm 7,6$ mg/L com um intervalo de 22,7 - 43,7 mg/L para a água de superfície durante a estação húmida. A água de superfície durante a estação seca apresentou valores médios de pH $7,60 \pm 0,36$ com uma variação de 7,20 - 8,02, temperatura $23,4 \pm 1,2^0$ C com uma variação de 21,8 - $24,9^0$ C, condutividade eléctrica $82,2 \pm 14,6$ μS cm^{-1} com uma variação de 53,1 - 93,7 μS cm^{-1} e TDS $40,0 \pm 7,1$ mg/L com uma variação de 25,9 - 45,2 mg/L. A média geral para a estação húmida e seca em todas as estações de amostragem mostrou pH $7,42 \pm 0,43$, temperatura $23,0 \pm 1,5^0$ C, condutividade eléctrica $78,1 \pm 14,8$ μS cm^{-1} e TDS $38,2 \pm 7,2$ mg/L.

Os parâmetros físico-químicos pH, temperatura, condutividade eléctrica e TDS medidos durante a estação húmida e seca estavam dentro do intervalo aceitável da USEPA (1986) e da OMS (2011). A análise de variância de uma via (ANOVA) não mostrou diferenças significativas no pH (*P>0,1625*), temperatura (*P>0,3877*), condutividade eléctrica (*P>0,3570*) e TDS (*P>0,4260*) nas águas superficiais durante a estação húmida e seca. De acordo com o Gráfico 1 e o Gráfico 2, o pH e a temperatura das águas superficiais não revelaram variações durante a estação húmida e a estação seca. Além disso, a condutividade eléctrica e o TDS não foram estatisticamente significativos, pelo que não apresentaram variações durante a estação húmida e a estação seca.

Table 4: Physiochemical parameters of surface water during wet and dry season

Sampling Stations	pH	Temperature (°C)	Electrical Conductivity (μS cm^{-1})	Total dissolved solids (mg/L)
Wet Season				
Range	6.84 - 8.11	21.1 - 25.4	44.2 - 85.8	22.7 - 43.7
Mean (n = 6)	7.24 ± 0.45	22.6 ± 1.8	73.9 ± 15.2	36.5 ± 7.6
Dry Season				
Range	7.20 - 8.02	21.8 - 24.9	53.1 - 93.7	25.9 - 45.2
Mean (n = 6)	7.60 ± 0.36	23.4 ± 1.2	82.2 ± 14.6	40.0 ± 7.1
P- value	> 0.05 (0.1625)	> 0.05 (0.3877)	> 0.05 (0.3570)	> 0.05 (0.4260)
Mean (n=12) of wet/dry season	7.42 ± 0.43	23.0 ± 1.5	78.1 ± 14.8	38.2 ± 7.2
Guideline values				
US EPA (1986)[a]	6.5 - 9.0	30	50 - 1500	500
WHO (2011)[b]	6.5 - 8.5	20[c]	400	600

[a] *United State Environmental Protection Agency (US EPA);* [b] *World Health Organization (WHO)*
[c] *There is no WHO guideline value for temperature - this value gives maximum flavour*

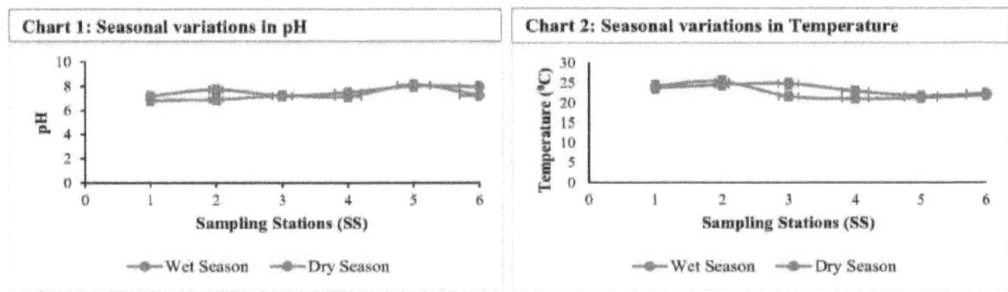

4.2 Concentração de metais pesados nas águas de superfície

As amostras de águas superficiais foram recolhidas em estações de amostragem em redor da albufeira de Yonki e em ribeiros superiores da albufeira, perto de zonas de extração de ouro, durante as estações húmida (abril) e seca (agosto). A concentração média dos metais pesados arsénio, cádmio, crómio, cobre, chumbo, mercúrio, níquel e zinco nas águas superficiais durante a estação das chuvas e a estação seca é apresentada no quadro 5. A partir dos resultados (tabela 5), observou-se que a concentração média de metais pesados na estação húmida diminuiu pela seguinte ordem: Zn > Pb > Cu > Ni > Cr > Cd > As > Hg. Os dados indicam a concentração máxima de Zn e a menor concentração de Hg nas águas superficiais durante a estação das chuvas. Durante a estação seca, a concentração média de metais pesados diminuiu pela seguinte ordem: Zn > Cd > Cu > As > Hg > Pb > Ni & Cr. A concentração máxima de Zn e a menor concentração de Ni e Cr nas águas de superfície foi registada durante a estação seca.

4.2.1 Concentração de arsénio nas águas de superfície

A concentração de arsénio nas águas superficiais (tabela 5) mostrou um valor médio de 0,0011 ± 0,0007 mg/L durante a estação das chuvas, enquanto que 0,0006 ± 0,0014 mg/L foram observados na estação seca. A média geral das estações húmida e seca foi de 0,0009 ± 0,0011 mg/L. Quando comparada com as normas de qualidade da água, mostrou que a concentração média de arsénio nas águas superficiais durante a estação húmida e seca era inferior ao valor de referência da USEPA (1986) e da OMS (2011) de 0,01 mg/L. A ANOVA de uma via realizada não mostrou diferença significativa (P>0,4521) nos níveis de arsénio entre a estação húmida e a estação seca.

Table 5: Concentration of heavy metals in surface water during wet and dry season.

Sampling Stations	Arsenic (As) (mg/L)	Cadmium (Cd) (mg/L)	Chromium (Cr) (mg/L)	Copper (Cu) (mg/L)	Lead (Pb) (mg/L)	Mercury (Hg) (mg/L)	Nickel (Ni) (mg/L)	Zinc (Zn) (mg/L)
Wet season								
Range	0.0001 - 0.0022	0.00005 - 0.0021	0.0011 - 0.0020	0.0054 - 0.014	0.0006 - 0.018	0.0001 - 0.0016	0.0002 - 0.004	0.014 - 0.118
Mean (n = 6)	0.0011 ± 0.0007	0.0012 ± 0.0007	0.0015 ± 0.0003	0.0099 ± 0.0034	0.011 ± 0.006	0.0009 ± 0.0007	0.002 ± 0.001	0.076 ± 0.036
Dry season								
Range	0.00004 - 0.0034	0.00005 - 0.018	-	0.0024 - 0.0073	0.00003 - 0.0011	0.00001 - 0.0019	-	0.0042 - 0.045
Mean (n = 6)	0.0006 ± 0.0014	0.0042 ± 0.0069	< 0.0002	0.0037 ± 0.0018	0.0002 ± 0.0004	0.0003 ± 0.0008	< 0.0002	0.018 ± 0.014
P-values	> 0.05 (0.4521)	> 0.05 (0.3143)	ND[b]	0.0027	0.0014	> 0.05 (0.1969)	ND[b]	0.0043
Mean (n=12) of wet/dry season	0.0009 ± 0.0011	0.0027 ± 0.0049	0.0008 ± 0.0007	0.0068 ± 0.0041	0.0057 ± 0.0070	0.0006 ± 0.0007	0.0011 ± 0.0013	0.047 ± 0.040
Guideline values								
US EPA (1986)[a]	0.01	0.005	0.1	1.3	0.015	0.002	0.1	5.0
WHO (2011)[d]	0.01	0.003	0.05	2.0	0.01	0.006	0.07	-

[a]United States Environmental Protection Agency (US EPA); [b]ANOVA test Not Done (ND); [c]Results are given as: Mean ± Standard Deviation; [d]World Health Organization (WHO)

Quando comparado com o estudo realizado por Pari-Huaquisto et al. (2020) para o rio Ananea no Peru (estação húmida 0,331 mg/L; estação seca 0,765 mg/L), o seu estudo mostrou uma elevada concentração de arsénio nas águas superficiais durante a estação húmida e a estação seca, enquanto este estudo mostrou uma baixa concentração de arsénio em todas as estações. Os resultados deste estudo revelaram que a concentração de arsénico nas águas superficiais dos cursos de água superiores perto das zonas de extração de ouro aluvial que chegam à barragem de Yonki está dentro dos limites de segurança e não apresenta riscos ecotoxicológicos para os organismos aquáticos e o ambiente. Além disso, a concentração de arsénio nas águas de superfície não varia durante as diferentes estações do ano.

4.2.2 Concentração de cádmio nas águas superficiais

A concentração de cádmio nas águas superficiais (tabela 5) mostrou um valor médio de 0,0012 ± 0,0007 mg/L durante a estação húmida, enquanto que 0,0042 ± 0,0069 mg/L foram observados na estação seca. A média geral das estações húmida e seca foi de 0,0027 ± 0,0049 mg/L. Quando comparada com as normas de qualidade da água, mostrou que a concentração média de cádmio nas águas superficiais durante a estação húmida e seca era inferior ao valor de referência da USEPA (1986) de 0,005 mg/L. A ANOVA de uma via não mostrou diferenças significativas (P>0,3143) nos níveis de cádmio entre a estação húmida e a estação seca.

Este estudo foi comparado com estudos realizados por Dan et al. (2014) para o rio Qua Iboe na Nigéria (estação húmida 0,09 ± 0,02 mg/L; estação seca 0,06 ± 0,02 mg/L) e Edokpayi et al. (2017) para o rio Nzhelele, África do Sul (estação húmida 0,001 mg/L; estação seca 0,001 mg/L). Edokpayi et al. (2017) relataram resultados semelhantes aos deste estudo, enquanto Dan et al. (2014) relataram alta concentração de cádmio nas estações húmida e seca. Ambos os estudos não mostraram variações sazonais. Os resultados deste estudo revelaram que a concentração de cádmio nas águas superficiais dos ribeiros superiores perto das áreas de extração de ouro aluvial que atingiram o reservatório de Yonki está dentro dos limites de segurança e não apresenta riscos ecotoxicológicos para os organismos aquáticos e o ambiente. A concentração de cádmio nas águas de superfície não apresentou variações sazonais.

4.2.3 Concentração de crómio nas águas de superfície

A concentração de crómio nas águas superficiais (quadro 5) apresentou um valor médio de 0,0015 ± 0,0003 mg/L durante a estação das chuvas, enquanto a concentração de crómio na estação seca foi inferior ao limite de deteção (< 0,0002). A média geral das estações húmida e seca foi de 0,0008 ± 0,0007 mg/L. Em comparação com as normas de qualidade da água, a concentração média de crómio nas águas superficiais durante a estação húmida e a estação seca foi inferior aos valores de referência da USEPA (1986) e da OMS (2011) de 0,1 mg/L e 0,05 mg/L, respetivamente.

Os estudos realizados por Dan et al. (2014) para o rio Qua Iboe na Nigéria (estação húmida 0,05 ± 0,02 mg/L; estação seca 0,04 ± 0,02 mg/L) e Pari-Huaquisto et al. (2020) para o rio Ananea no Peru (estação húmida 0,019 mg/L; estação seca 0,067 mg/L) foram comparados com este estudo. Tanto o estudo de Dan et al. (2014) como o de Pari-Huaquisto et al. (2020) indicaram uma concentração elevada de crómio nas águas superficiais durante a estação húmida e a estação seca. Ambos os estudos não revelaram variações sazonais. Os resultados do presente estudo revelaram que a concentração de crómio nas águas superficiais dos cursos de água superiores perto das zonas de extração de ouro aluvial está dentro dos limites de segurança e não apresenta riscos ecotoxicológicos para os organismos aquáticos e o ambiente. Além disso, a concentração de crómio nas águas de superfície não varia durante as diferentes estações do ano.

4.2.4 Concentração de cobre nas águas de superfície

A concentração de cobre nas águas superficiais (tabela 5) mostrou um valor médio de 0,0099 ± 0,0034 mg/L durante a estação húmida, enquanto na estação seca foi de 0,0037 ± 0,0018 mg/L. A média geral das estações húmida e seca foi de 0,0068 ± 0,0041 mg/L. Em comparação com as normas de qualidade da água, a concentração média de cobre nas águas superficiais durante a estação húmida e seca foi inferior aos valores de referência da USEPA (1986) e da OMS (2011) de 1,3 mg/L e 2,0 mg/L, respetivamente.

A ANOVA de uma via realizada mostrou uma diferença significativa (P<0,0027) nos níveis de cobre entre a estação húmida e a estação seca. De acordo com o Gráfico 3, a concentração de cobre nas águas superficiais foi elevada durante a estação húmida em comparação com a estação seca. Isto indica a lixiviação de cobre de actividades antropogénicas (resíduos municipais, terrenos agrícolas, estradas, esgotos e actividades mineiras) e de fontes geogénicas (rochas, areias e solos que contêm metais pesados naturais) durante a estação das chuvas para os cursos de água e para o reservatório.

Quando comparados com os estudos realizados por Dan et al. (2014) para o rio Qua Iboe na Nigéria (estação húmida 0,05 ± 0,01 mg/L; estação seca 0,02 ± 0,004 mg/L) e Edokpayi et al. (2017) para o rio Nzhelele, África do Sul (estação húmida 0,385 mg/L; estação seca 0,403 mg/L), os resultados mostraram uma elevada concentração de cobre nas águas superficiais durante a estação húmida e seca. Ambos os estudos não revelaram variações sazonais na concentração de cobre. Os resultados deste estudo revelaram que a concentração de cobre nas águas superficiais dos cursos de água superiores perto das zonas de extração de ouro aluvial está dentro dos limites de segurança e não apresenta riscos ecotoxicológicos para os organismos aquáticos e para o ambiente.

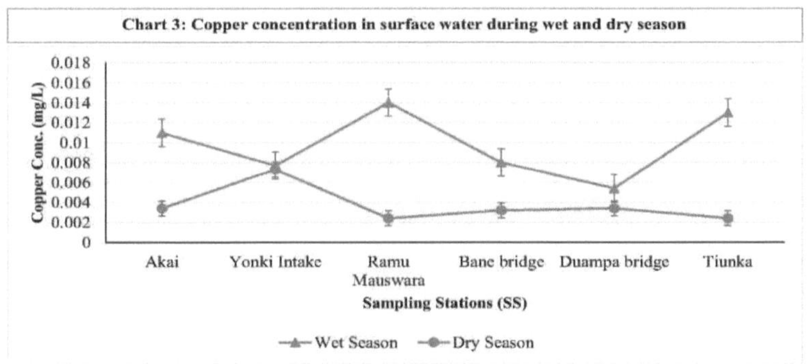

4.2.5 Concentração de chumbo nas águas de superfície

A concentração de chumbo nas águas superficiais (tabela 5) mostrou um valor médio de 0,011 ± 0,006 mg/L durante a estação húmida, enquanto na estação seca foi de 0,0002 ± 0,0004 mg/L. A média geral das estações húmida e seca foi de 0,0057 ± 0,0070 mg/L. Quando comparada com os padrões de qualidade da água, mostrou que a concentração média de chumbo nas águas superficiais durante a estação húmida e seca era inferior ao valor de referência da USEPA (1986) de 0,015 mg/L. A ANOVA de uma via mostrou uma diferença significativa (P<0,0014) nos níveis de chumbo entre a estação húmida e a estação seca. O gráfico 4 também revelou que a concentração de chumbo nas águas superficiais foi elevada durante a estação húmida em comparação com a estação seca. Da mesma forma, indica a lixiviação de chumbo por escoamento de águas pluviais durante a estação chuvosa a partir de fontes antropogénicas para o reservatório e riachos.

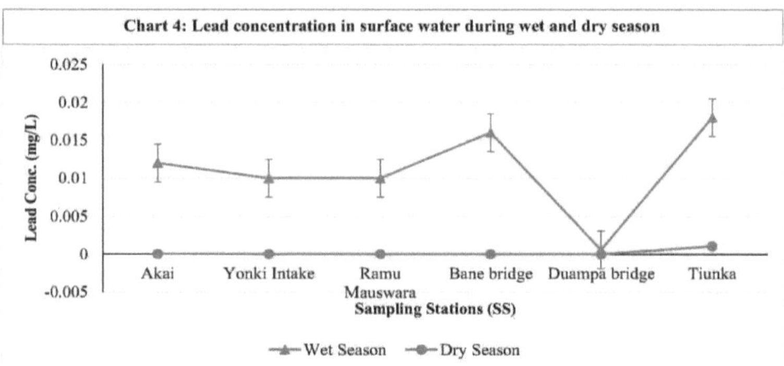

Este estudo foi comparado com estudos realizados por Dan et al. (2014) para o rio Qua Iboe na Nigéria (estação húmida 0,06 ± 0,01 mg/L; estação seca 0,03 ± 0,008 mg/L) e Edokpayi et al. (2017) para o rio Nzhelele, África do Sul (estação húmida 0,053 mg/L; estação seca 0,165 mg/L). Os seus resultados mostraram concentrações de chumbo semelhantes nas águas superficiais durante a estação húmida, no entanto, Edokpayi et al. (2017) relataram concentrações de chumbo mais elevadas durante a estação seca. O estudo de Dan et al. (2014), juntamente com o presente estudo, registou uma menor concentração de chumbo durante a estação seca. Os resultados deste estudo revelaram que a concentração de chumbo nas águas superficiais dos cursos de água superiores perto das áreas de extração de ouro aluvial está dentro dos limites de segurança e não apresenta riscos ecotoxicológicos para os organismos aquáticos e para o ambiente, mas a concentração de chumbo nas águas superficiais pode aumentar durante a estação das chuvas.

4.2.6 Concentração de mercúrio nas águas de superfície

A concentração de mercúrio nas águas superficiais (tabela 5) mostrou um valor médio de 0,0009 ± 0,0007 mg/L durante a estação húmida, enquanto que 0,0003 ± 0,0008 mg/L foram observados na estação seca. A média geral das estações húmida e seca foi de 0,0006 ± 0,0007 mg/L. Quando comparada com as normas de qualidade da água, mostrou que a concentração média de mercúrio nas águas superficiais durante a estação húmida e seca era inferior aos valores de referência da USEPA (1986) e da OMS (2011) de 0,002 mg/L e 0,006 mg/L, respetivamente. A ANOVA unidirecional realizada não mostrou diferenças significativas (P>0,1969) nos níveis de mercúrio entre a estação húmida e a estação seca.

Este estudo foi comparado com o estudo realizado por Pari-Huaquisto et al. (2020) para o rio Ananea no Peru (estação húmida abaixo do limite de deteção; estação seca abaixo do limite de deteção). Pari-Huaquisto et al. (2020) não registaram qualquer concentração de mercúrio nas águas de superfície durante a estação húmida e seca. Em contraste, este estudo observou que a concentração de mercúrio nas águas de superfície não foi afetada pelas diferentes estações. Os resultados do presente estudo revelaram que a concentração de mercúrio nas águas superficiais dos cursos de água superiores situados perto de zonas de extração de ouro aluvial está dentro dos limites de segurança e não apresenta riscos ecotoxicológicos para os organismos aquáticos e o ambiente. Além disso, a concentração de mercúrio nas águas de superfície não varia durante as estações húmida e seca.

4.2.5 Concentração de níquel nas águas de superfície

A concentração de níquel nas águas superficiais (tabela 5) mostrou um valor médio de 0,002 ± 0,001 mg/L durante a estação húmida, enquanto a concentração de níquel na estação seca estava abaixo do limite de deteção (< 0,0002). A média geral das estações húmida e seca foi de 0,0011 ± 0,0013 mg/L. Em comparação com as normas de qualidade da água, a concentração média de níquel nas águas superficiais durante a estação húmida e seca foi inferior aos valores de referência da USEPA (1986) e da OMS (2011) de 0,1 mg/L e 0,07 mg/L, respetivamente.

O estudo realizado por Dan et al. (2014) para o rio Qua Iboe na Nigéria (estação húmida 7,41 ± 1,31 mg/L; estação seca 5,17 ± 1,73 mg/L) foi comparado com este estudo. Dan et al. (2014) registaram uma elevada concentração de níquel nas águas superficiais em todas as estações. O seu estudo não mostrou variações entre a estação húmida e a estação seca. Os resultados do presente estudo revelaram que a concentração de níquel nas águas superficiais dos cursos de água superiores perto das zonas de extração de ouro aluvial está dentro dos limites de segurança e não apresenta riscos ecotoxicológicos para os organismos aquáticos e o ambiente. Além disso, a concentração de níquel nas águas de superfície não varia durante a estação húmida e a estação seca.

4.2.8 Concentração de zinco nas águas superficiais

A concentração de zinco nas águas superficiais (tabela 5) mostrou um valor médio de 0,076 ± 0,036 mg/L durante a estação húmida, enquanto na estação seca foi de 0,018 ± 0,014 mg/L. A média geral da estação húmida e seca é de· α· e 0,047 ± 0,04 mg/L. Em comparação com as normas de qualidade da água, a concentração de zinco nas águas superficiais durante as estações húmida e seca foi inferior ao valor de referência da USEPA (1986) de 5,0 mg/L. A ANOVA de uma via mostrou uma diferença significativa (P<0,0043) nos níveis de zinco entre a estação húmida e a estação seca. O gráfico 5 também indicou uma concentração elevada de zinco nas águas superficiais durante a estação húmida, em comparação com a estação seca, o que revelou a lixiviação de zinco de fontes antropogénicas e geogénicas por escoamento de águas pluviais durante a estação das chuvas.

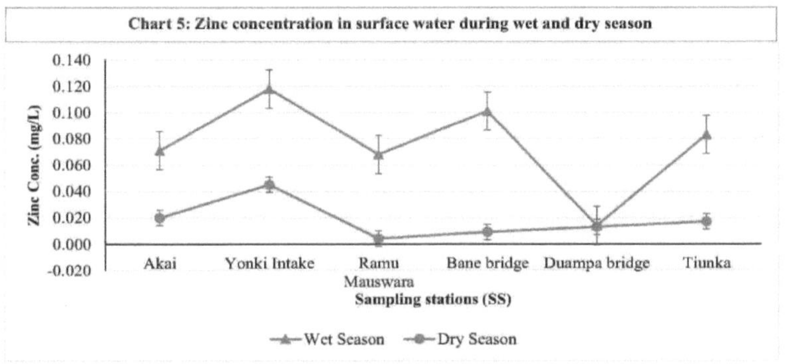

Quando comparados com os estudos realizados por Dan et al. (2014) para o rio Qua Iboe na Nigéria (estação húmida 0,08 ± 0,03 mg/L; estação seca 0,03 ± 0,01 mg/L) e Edokpayi et al. (2017) para o rio Nzhelele, África do Sul (estação húmida 0,065 mg/L; estação seca 0,086 mg/L), os seus resultados foram semelhantes aos do presente estudo, no entanto, ambos os estudos não mostraram variações na concentração de zinco durante a estação húmida e seca. Os resultados deste estudo revelaram que a concentração de zinco nas águas superficiais dos cursos de água superiores perto das zonas de extração de ouro aluvial está dentro dos limites de segurança e não apresenta riscos ecotoxicológicos para os organismos aquáticos e para o ambiente, no entanto, a concentração de zinco nas águas superficiais pode aumentar durante a estação das chuvas.

4.3 Concentração de metais pesados nos sedimentos

As amostras de sedimentos foram recolhidas em estações de amostragem em redor da albufeira de Yonki e nos cursos de água superiores da albufeira durante a estação das chuvas (abril) e a estação seca (agosto). A concentração média de arsénio, cádmio, crómio, cobre, chumbo, mercúrio, níquel e zinco nos sedimentos durante a estação húmida e seca é apresentada no quadro 6. A partir dos resultados (tabela 6), observou-se que a concentração média de metais pesados na estação húmida diminuiu pela seguinte ordem: Zn > Pb > Cu > Cr > Ni > As > Hg > Cd. Os dados indicam a concentração máxima de Zn e a menor concentração de Cd nos sedimentos durante a estação das chuvas. Durante a estação seca, a concentração média de metais pesados diminuiu pela seguinte ordem: Pb > Zn > Cr > Cu > Ni > Cd > As. Os dados indicaram a concentração máxima de Pb e a menor concentração de As nos sedimentos durante a estação seca.

4.3.1 Concentração de arsénio nos sedimentos

A concentração de arsénio nos sedimentos (tabela 6) mostrou um valor médio de 2,9 ± 2,1 µg/g durante a estação húmida, enquanto que na estação seca estavam abaixo do limite de deteção (< 1,0). A média geral da estação húmida e seca para o arsénio nos sedimentos foi de 1,97 ± 1,74 µg/g. Quando comparado com a diretriz de qualidade do sedimento, mostrou que a concentração média de arsênico em sedimentos durante a estação chuvosa e seca estava dentro do valor de diretriz do Conselho de Conservação Ambiental da Austrália e Nova Zelândia (ANZECC, 2013) de 20,0 µg/g.

Quando comparados com o estudo realizado por Trangmar et al. (1995) (barragem de Yonki 0,009 ± 0,002 µg/g), os resultados obtidos para o arsénio nos sedimentos foram inferiores aos observados neste estudo. Como observado a partir dos resultados, a concentração de arsénio nos sedimentos durante as diferentes estações estava dentro do limite seguro e não representa riscos ecotoxicológicos para os organismos aquáticos e o ambiente.

Table 6: Concentration of heavy metals in sediments during Wet and Dry season.

Sampling Stations	Arsenic (As) (µg/g)	Cadmium (Cd) (µg/g)	Chromium (Cr) (µg/g)	Copper (Cu) (µg/g)	Lead (Pb) (µg/g)	Mercury (Hg) (µg/g)	Nickel (Ni) (µg/g)	Zinc (Zn) (µg/g)
Wet season								
Range	1.0 - 6.3	-	8.4 - 49.0	16.0 - 79.0	8.5 - 140.0	0.04 - 0.53	3.4 - 15.0	26.0 - 133.0
Mean (n = 6)	2.9 ± 2.1	< 0.02	30.6 ± 16.1	34.2 ± 22.9	42.3 ± 49.1	0.12 ± 0.20	10.3 ± 4.7	49.7 ± 41.3
Dry season								
Range	-	10.0 - 30.0	20.0 - 160.0	40.0 - 100.0	100.0 - 320.0	0.0	10.0 - 70.0	85.0 - 200.0
Mean (n = 6)	< 1.0	18.3 ± 9.8	85.0 ± 45.9	68.3 ± 23.2	205.0 ± 82.2	0.0	32.5 ± 22.7	115.8 ± 44.3
P-values	ND[b]	ND[b]	0.0209	0.0278	0.0019	ND[b]	0.0408	0.0232
Mean (n=12) of wet/dry season	1.97 ± 1.74	9.2 ± 11.6	57.8 ± 43.4	51.3 ± 28.3	123.6 ± 106.7	0.12 ± 0.20	21.4 ± 19.5	82.8 ± 53.5
SQG values								
US EPA (1986)[a]	-	6.0	75	60	50	0.15	-	-
ANZECC (2013)[d]	20	1.5	80	65	50	0.15	21	200

[a]*United States Environmental Protection Agency (US EPA);* [b]*ANOVA test Not Done (ND);* [c]*Results are given as: Mean ± Standard Deviation*
[d]*Sediment Quality Guidelines (SQG) by Australia New Zealand Environmental and Conservation Council (ANZECC)*

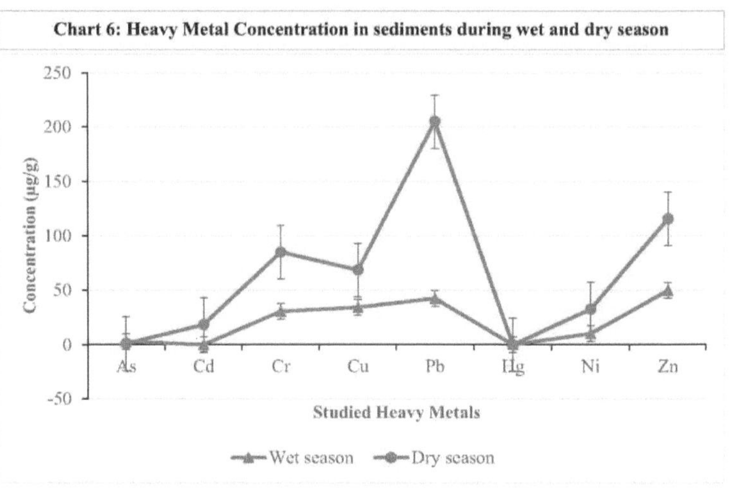

4.3.2 Concentração de cádmio nos sedimentos

A concentração de cádmio nos sedimentos (tabela 6) durante a estação húmida foi inferior ao limite de deteção (< 0,02 µg/g) enquanto na estação seca as concentrações médias de cádmio foram de 18,3 ± 9,8 µg/g. A média geral da estação húmida e seca foi de 9,2 ± 11,6 µg/g. Quando comparado com as diretrizes de qualidade dos sedimentos, mostrou que a concentração média de cádmio nos sedimentos durante a estação seca excedeu os valores de orientação da USEPA (1986) e ANZECC (2013) de 6,0 µg/g e 1,5 µg/g, respetivamente, enquanto o cádmio nos sedimentos durante a estação chuvosa estava dentro do nível permitido. Como mostra o Gráfico 6, as concentrações de cádmio foram elevadas durante a estação seca em comparação com a estação húmida.

Em comparação com o estudo realizado por Kapia et al. (2016) (reservatório de Yonki 17,2 ± 6,5 µg/g), os resultados que obteve para o cádmio foram semelhantes aos deste estudo, excedendo os níveis permitidos. Explicou ainda que os níveis elevados de cádmio nos sedimentos se deviam a processos geogénicos e não estavam relacionados com actividades antropogénicas. Este estudo revela grandes variações na concentração de cádmio em diferentes estações do ano. Estes resultados indicam que, durante a estação seca, a concentração de cádmio nos sedimentos da albufeira de Yonki e dos cursos de água superiores excedeu o nível admissível, o que representa um risco ecotoxicológico para os organismos aquáticos e o ambiente.

4.3.2 Concentração de crómio nos sedimentos

A concentração de crómio nos sedimentos (tabela 6) apresentou um valor médio de 30,6 ± 16,1 µg/g durante a estação húmida, enquanto na estação seca foram 85,0 ± 45,9 µg/g. A média geral da estação húmida e seca foi de 57,8 ± 43,4 µg/g. Quando comparada com as diretrizes de qualidade dos sedimentos, a concentração média de crómio nos sedimentos durante a estação seca excedeu ligeiramente os valores de orientação da USEPA (1986) e ANZECC (2013) de 75,0 µg/g e 80,0 µg/g, respetivamente. Em contraste, o crómio nos sedimentos durante a estação húmida estavam dentro dos limites de segurança. A ANOVA de uma via realizada mostrou uma diferença significativa (P<0,0209) nos níveis de crómio entre a estação húmida e seca, o que também é revelado no Gráfico 6, onde a concentração de crómio nos sedimentos foi elevada durante a estação seca em comparação com a estação húmida.

Os resultados deste estudo foram comparados com estudo anterior realizado por Kapia et al. (2016) (reservatório de Yonki 62,1 ± 78,9 µg/g) e Trangmar et al. (1995) (barragem de Yonki 0,033 ± 0,004 µg/g; riachos superiores 0,019 ± 0,008 µg/g). Os resultados de Kapia et al. (2016) foram semelhantes aos deste estudo, enquanto os resultados de Trangmar et al. (1995) foram inferiores. A concentração de crómio nos sedimentos da albufeira de Yonki e dos cursos de água superiores está dentro dos limites de segurança, mas pode aumentar para níveis superiores aos permitidos durante a estação seca, o que representa um risco ecotoxicológico para os organismos aquáticos e para o ambiente.

4.3.3 Concentração de cobre nos sedimentos

A concentração de cobre nos sedimentos (quadro 6) apresentou um valor médio de

34.2 ± 22,9 µg/g durante a estação húmida, enquanto na estação seca foram 68,3 ±

23.2 µg/g. A média geral da estação húmida e seca foi de 51,3 ± 28,3 µg/g. Quando comparada com as diretrizes de qualidade dos sedimentos, a concentração média de cobre nos sedimentos durante a estação seca excedeu ligeiramente os valores de orientação da USEPA (1986) e ANZECC (2013) de 60,0 µg/g e 65,0 µg/g, respetivamente. Em contraste, a concentração de cobre nos sedimentos durante a estação húmida estava dentro dos níveis permitidos. Oneway ANOVA realizada mostrou diferença significativa (P<0,0278) nos níveis de cobre entre a estação húmida e seca. O gráfico 6 também revela uma elevada concentração de cobre durante a estação seca em comparação com a estação húmida.

Em comparação com o estudo feito por Kapia et al. (2016) (área de Yonki 71,96 ± 24,66 µg/g) e Trangmar et al. (1995) (barragem de Yonki 0,023 ± 0,020 µg/g; riachos superiores 0,0097 ± 0,0021 µg/g), este estudo registou uma concentração de cobre nos sedimentos semelhante ao estudo de Kapia et al. (2016). Em contraste, Trangmar et al. (1995) relataram menor concentração de cobre em sedimentos. A partir desses resultados, pode-se afirmar que a concentração de cobre nos sedimentos do reservatório de Yonki e dos riachos superiores está dentro do limite seguro, mas pode aumentar durante a estação seca, o que representa riscos ecotoxicológicos para os organismos aquáticos e o meio ambiente.

4.3.4 Concentração de chumbo nos sedimentos

A concentração de chumbo nos sedimentos (tabela 6) apresentou valor médio de 42,3 ± 49,1 µg/g durante a estação húmida, enquanto na estação seca foram 205,0 ± 82,2 µg/g. A média geral da estação húmida e seca foi de 123,6 ± 106,7 µg/g. Quando comparada com as diretrizes de qualidade dos sedimentos, a concentração média de chumbo nos sedimentos durante a estação seca excedeu em muito o valor da diretriz USEPA (1986) e ANZECC (2013) de 50,0 µg/g, enquanto a concentração de chumbo na estação chuvosa estava dentro do limite permitido. A ANOVA de uma via realizada mostrou uma diferença significativa (P<0,0019) nos níveis de chumbo entre a estação húmida e seca. Além disso, o Gráfico 6 também revela que as concentrações de chumbo nos sedimentos foram mais elevadas durante a estação seca em comparação com a estação húmida.

Os resultados deste estudo foram comparados com estudos anteriores realizados por Kapia et al. (2016) (área de Yonki 53,8 ± 25,1 μg/g) e Trangmar et al. (1995) (barragem de Yonki 0,019 ± 0,020 μg/g; riachos superiores 0,003 ± 0,006 μg/g). Embora as descobertas de Trangmar et al. (1995) tenham mostrado baixos níveis de concentrações de chumbo nos sedimentos, o estudo de Kapia et al. (2016) também relatou níveis mais altos de chumbo que excederam os níveis limite nos sedimentos. Este estudo revela grandes variações na concentração de chumbo em diferentes estações do ano. Pode afirmar-se, a partir destes resultados, que a concentração de chumbo nos sedimentos da albufeira de Yonki e dos ribeiros superiores apresenta sérios riscos ecotoxicológicos para os organismos aquáticos e para o ambiente durante a estação seca.

4.3.5 Concentração de mercúrio nos sedimentos

A concentração de mercúrio nos sedimentos (tabela 6) apresentou um valor médio de 0,12 ± 0,20 μg/g durante a estação húmida. A análise das amostras da estação seca não foi efectuada devido a avaria do instrumento. Quando comparado com as diretrizes de qualidade do sedimento, mostrou que a concentração média de mercúrio nos sedimentos durante a estação chuvosa estava dentro do valor de diretriz USEPA (1986) e ANZECC (2013) de 0,15 μg/g. Os resultados deste estudo foram comparados com o estudo anterior realizado por Kapia et al. (2016) (área de Yonki 0,053 ± 0,012 μg/g). As suas descobertas estavam dentro do mesmo intervalo que este estudo. Com base nos resultados, a concentração de mercúrio nos sedimentos durante a estação húmida está dentro do limite seguro e não representa riscos ecotoxicológicos para os organismos aquáticos e o ambiente.

4.3.6 Concentração de níquel nos sedimentos

A concentração de níquel nos sedimentos (quadro 6) revelou um valor médio de

10.3 ± 4,7 µg/g durante a estação húmida, enquanto na estação seca foram 32,5 ±

22.7 µg/g. A média geral da estação húmida e seca foi de 21,4 ± 19,5 µg/g. Quando comparada com a diretriz de qualidade do sedimento, a concentração média de níquel nos sedimentos durante a estação seca excedeu o valor da diretriz ANZECC (2013) de 21,0 µg/g. Em contraste, o níquel nos sedimentos durante a estação chuvosa estava dentro do limite seguro. One-way ANOVA realizada mostrou diferença significativa (P<0,0408) nos níveis de níquel entre a estação húmida e seca. De acordo com o Gráfico 6, a concentração de níquel nos sedimentos foi elevada durante a estação seca em comparação com a estação húmida.

Quando comparado com o estudo efectuado por Trangmar et al. (1995) (barragem de Yonki 0,009 ± 0,002 µg/g; ribeiras superiores 0,006 ± 0,004 µg/g), este relatou concentrações mais baixas de níquel nos sedimentos, enquanto este estudo revelou uma concentração elevada durante a estação seca, indicando variações na concentração de níquel durante as diferentes estações. Os sedimentos do reservatório de Yonki e dos riachos superiores representam riscos ecotoxicológicos para os organismos aquáticos e para o ambiente, especialmente durante a estação seca.

4.3.7 Concentração de zinco nos sedimentos

A concentração de zinco nos sedimentos (tabela 6) apresentou valor médio de 49,7 ± 41,3 µg/g durante a estação húmida, enquanto na estação seca foram 115,8 ± 44,3 µg/g. A média geral da estação húmida e seca foi de 82,8 ± 53,5 µg/g. Quando comparada com as diretrizes de qualidade dos sedimentos, a concentração média de zinco nos sedimentos durante a estação húmida e seca estava dentro do valor de orientação da ANZECC (2013) de 200,0 µg/g. One-way ANOVA realizada mostrou diferença significativa (P<0,0232) nos níveis de zinco entre a estação húmida e seca. O gráfico 6 também revelou que a concentração de zinco nos sedimentos foi elevada durante a estação seca em comparação com a estação húmida.

De acordo com um estudo anterior efectuado por Trangmar et al. (1995) (barragem de Yonki 0,012 ± 0,005 µg/g; ribeiras superiores 0,009 ± 0,004 µg/g), este relatou baixas concentrações de zinco. Em contraste, este estudo revela altas variações na concentração de zinco em diferentes estações do ano. No entanto, a concentração de zinco nos sedimentos da albufeira de Yonki e dos cursos de água superiores durante a estação húmida e seca está dentro dos limites de segurança e não apresenta riscos ecotoxicológicos para os organismos aquáticos e para o ambiente.

4.3.8 Índice de geo-acumulação para sedimentos

De acordo com Chapman (1995), a avaliação da qualidade dos sedimentos é altamente influenciada por uma comparação exacta com valores de referência. Os valores de referência neste estudo para os metais pesados cádmio, cobre, crómio, chumbo e mercúrio são obtidos a partir de estudos realizados por Kapia et al. (2016) a partir de sedimentos não perturbados nos córregos superiores do reservatório de Yonki, enquanto que para o arsénio, níquel e zinco foram utilizados como valores de referência os valores de orientação para a qualidade dos sedimentos da ANZECC (2013). Por conseguinte, os resultados apresentam um resumo do nível de contaminação por metais pesados na área de estudo.

A análise do índice de geo-acumulação (Igeo) apresentada na tabela 7 revela que os sedimentos não estavam contaminados (Igeo ≤ 0) pelos metais pesados estudados durante a estação húmida, exceto no caso do mercúrio, que indicou não estar contaminado a moderadamente contaminado (0 ≤ Igeo ≤ 1). Em comparação, a concentração de chumbo nos sedimentos durante a estação seca mostrou estar moderadamente a fortemente contaminada (2 ≤ Igeo ≤ 3), enquanto

Table 7: Geo-accumulation Index for Sediments at Yonki reservoir and upper streams

Different Seasons	Heavy Metals	Heavy Metal Concentration from this Study, Cn (µg/g)	Goechemical background/ Reference value, Bn (µg/g)	Igeo Value	Igeo Class	Geo accumulation Index (Pollution level)
Wet Season	Arsenic	2.9	20.0	-3.37	0	Uncontaminated
	Cadmium	0.02	28.4[a]	-11.06	0	Uncontaminated
	Chromium	30.6	192.7[a]	-3.24	0	Uncontaminated
	Copper	34.2	45.7[a]	-1.00	0	Uncontaminated
	Lead	42.3	29.6[a]	-0.07	0	Uncontaminated
	Mercury	0.12	0.04[a]	1.00	1	Uncontaminated to moderately cont
	Nickel	10.3	21.0	-1.61	0	Uncontaminated
	Zinc	49.7	200.0	-2.59	0	Uncontaminated
Dry Season	Arsenic	1.0	20.0	-4.91	0	Uncontaminated
	Cadmium	18.3	28.4[a]	-1.22	0	Uncontaminated
	Chromium	85.0	192.7[a]	-1.77	0	Uncontaminated
	Copper	68.3	45.7[a]	-0.01	0	Uncontaminated
	Lead	205.0	29.6[a]	2.21	3	Moderately to heavyly contami
	Mercury	0.0	0.04[a]	-	-	Nil
	Nickel	32.5	21.0	0.05	1	Uncontaminated to moderately cont
	Zinc	115.8	200.0	-1.37	0	Uncontaminated

[a] *Geochemical reference value for Cd, Cr, Cu, Pb and Hg was obtained from studies by Kapia et al. (2016) from undisturbed sediments at upper streams of Yonki reservoir. For As, Ni Sediment Quality Guideline values are used.*

Os níveis de níquel não estavam contaminados a moderadamente contaminados (0 ≤ Igeo ≤ 1). Os níveis de arsénio, cádmio, crómio, cobre e zinco nos sedimentos durante a estação seca não estavam contaminados (Igeo ≤ 0).

Os resultados do índice de geo-acumulação deste estudo foram comparados com um estudo anterior efectuado por Kapia et al. (1995) na área da albufeira de Yonki. As suas conclusões revelaram que o chumbo estava moderada a fortemente contaminado em todos os locais. Este estudo foi semelhante ao estudo de Kapia et al. (2016), que revelou o mesmo nível de contaminação por chumbo. Além disso, este estudo também mostra que o nível de contaminação por chumbo nos sedimentos foi influenciado por variações sazonais, portanto, a poluição por chumbo é mais pesada durante a estação seca em comparação com a estação húmida.

4.4 Concentração de metais pesados nos tecidos dos peixes

O comprimento (cm) e o peso (g) das amostras de peixes em dois locais diferentes são apresentados na Tabela 8. O comprimento médio da carpa comum variou de 29,7 ± 2,0 cm (Ramu Mauswara) a 31,1 ± 3,6 cm (Yonki Intake), enquanto o comprimento da tilápia GIFT variou de 19,3 ± 3,0 cm (Ramu Mauswara) a 24,2 ± 3,6 cm (Yonki Intake). O peso médio das carpas comuns amostradas variou de 609,9 ± 16,9 g (Yonki Intake) a 610,4 ± 14,4 g (Ramu Mauswara), enquanto o peso das tilápias GIFT variou de 525,5 ± 5,4 g (Yonki Intake) a 526,4 ± 6,1 g. As carpas amostradas eram mais compridas e mais pesadas do que as tilápias GIFT, que são mais curtas e mais pequenas em tamanho e peso.

As espécies de peixe *Cyprinus carpio* (carpa comum) e *Oreochromis niloticus* (tilápia GIFT) foram capturadas em duas estações de amostragem (Yonki Intake e Ramu Mauswara) e dissecadas em amostras de órgãos e músculos. As concentrações médias dos metais pesados arsénio, cádmio, crómio, cobre, chumbo, mercúrio, níquel e zinco nos tecidos dos peixes são apresentadas nos quadros 9a e 9b.

Table 8: Length and Weight of fish species from Yonki reservoir.

Sampling Stations	Fish Species	N	Mean Length (cm) ± Standard Deviation	Mean Weight (g) ± Standard Deviation
Yonki Intake	*Cyprinus carpio* (Carp)	5	31.1 ± 3.6	609.9 ± 16.9
	Oreochromis niloticus (tilapia)	5	24.22 ± 3.6	525.5 ± 5.4
Ramu Mauswara	*Cyprinus carpio* (Carp)	5	29.7 ± 2.0	610.4 ± 14.4
	Oreochromis niloticus (tilapia)	5	19.3 ± 3.0	526.4 ± 6.1

4.4.1 Concentração de arsénio nos tecidos dos peixes

A concentração de arsénio nos órgãos e tecidos musculares da carpa comum estava abaixo do limite de deteção (< 0,1 µg/g). Em contraste, a concentração de arsénio nos órgãos e músculos da tilápia GIFT foi de 0,451 ± 0,008 µg/g e 0,18 ± 0,11 µg/g, respetivamente. Com base nos resultados (tabela 9a) o arsénio em todos os tecidos dos peixes estavam dentro do valor limite máximo de 2,0 µg/g pela diretriz da Australian New Zealand Food Authority (ANZFA, 2015). De acordo com o Gráfico 7, a tilápia GIFT acumulou a maior concentração de arsénio nos seus órgãos (0,451 µg/g) em comparação com a carpa comum que tem a menor concentração de arsénio nos seus órgãos (< 0,1 µg/g) e músculos (< 0,1 µg/g). O consumo de peixe da albufeira de Yonki não indicou perigo para a saúde no que diz respeito ao arsénio

Os resultados deste estudo foram comparados com estudos realizados por Alvarado et al. (2021) para arsénio em carpa comum no lago Chapala, México (órgãos 0,0384 - 0.1261 µg/g; músculos 0,0437 - 0,1928 µg/g) e Zidan e El-Zaeem (2020) para arsénio em tilápia, Egito (órgãos 26,66 ± 3,24 µg/g; músculos 0,75 ± 0,035 µg/g). A concentração média de arsénio na carpa comum foi semelhante ao estudo de Alvarado et al. (2021) e foram menores do que os relatados por Zidan e El-Zaeem (2020) para tilápia no Egito.

Table 9a: Concentration of heavy metals Arsenic, Cadmium, Chromium and Copper in fish tissues.

Fish Species	Concentration of Heavy Metals (Mean ± Standard Deviation), µg/g							
	Arsenic (As)		Cadmium (Cd)		Chromium (Cr)		Copper (Cu)	
	Organs	Muscles	Organs	Muscles	Organs	Muscles	Organs	Musc
1. *Cyprinus carpio* (Carp)								
Range	< 0.1	< 0.1	< 0.05	< 0.05	0.41 - 0.59	0.44 - 0.51	< 0.1	< 0.
Mean (n=2)	< 0.1	< 0.1	< 0.05	< 0.05	0.50 ± 0.13	0.48 ± 0.05	< 0.1	< 0.
Other studies around the world;								
Kapia et al. (2016) in carp at Yonki reservoir, PNG	-	-	< 0.01	< 0.01	0.02 ± 0.009	0.02 ± 0.007	11.6 ± 2.72	1.05 ±
Farsani et al. (2019) in carp at lake Aras, Iran	-	-	0.75 ± 0.12	0.33 ± 0.12	-	-	25.66 ± 0.77	8.36 ±
Alvarado et al. (2021) in carp at lake Chapala, Mexico	0.0384 - 0.1261	0.0437 - 0.1928	0.0133 - 0.4724	< 0.0013 - 0.0037	-	-	6.44 - 47.81	0.36 -
2. *Oreochromis niloticus* (GIFT tilapia)								
Range	0.445 - 0.456	< 0.1 - 0.26	< 0.05	< 0.05	0.57 - 1.07	0.18 - 1.37	< 0.1 - 0.46	< 0.
Mean (n=2)	0.451 ± 0.008	0.18 ± 0.11	< 0.05	< 0.05	0.82 ± 0.35	0.78 ± 0.84	0.28 ± 0.25	< 0.
Other studies around the world;								
Zidan & El-Zaeem (2020) in natural water tilapia, Egypt	26.66 ± 3.24	0.75 ± 0.035	0.19 ± 0.07	0.34 ± 0.037	38.30 ± 5.21	0.79 ± 0.029	28.41 ± 4.55	3.9 ± (
Yacoub et al. (2021) in tilapia at lake Al-manzalah, Egypt	-	-	1.3 ± 0.2	0.7 ± 0.3	-	-	6.1 ± 1.2	2.6 ±
Guideline values								
WHO (1984; 2000)[a]	-		0.50		0.15		30.0	
ANZFA/FSANZ (2015)[b]	2.0		-		-		-	

[a] *World Health Organization (WHO);* [b] *Australian New Zealand Food Authority (ANZFA) / Food Standards Australia New Zealand (FSANZ)*

Table 9b: Concentration of heavy metals Lead, Mercury, Nickel and Zinc in fish tissues.

Fish Species	Concentration of Heavy Metals (Mean ± Standard Deviation), µg/g							
	Lead (Pb)		Mercury (Hg)		Nickel (Ni)		Zinc (Zn)	
	Organs	Muscles	Organs	Muscles	Organs	Muscles	Organs	Muscles
1. *Cyprinus carpio* (Carp)								
Range	< 0.1	< 0.1	< 0.1	< 0.1	< 0.1	0.13 - 0.14	36.0 - 64.0	2.5 - 2.6
Mean (n=2)	< 0.1	< 0.1	< 0.1	< 0.1	< 0.1	0.135 ± 0.007	50.0 ± 19.8	2.55 ± 0.07
Other studies around the world;								
Kapia et al. (2016) in carp at Yonki reservoir, PNG	< 0.01	< 0.01	< 0.1	< 0.1	-	-	-	-
Farsani et al. (2019) in carp at lake Aras, Iran	1.19 ± 0.16	0.18 ± 0.03	0.78 ± 0.04	0.20 ± 0.01	1.09 ± 0.18	0.36 ± 0.04	32.06 ± 0.08	11.12 ± 0.71
Alvarado et al. (2021) in carp at lake Chapala, Mexico	0.0097 - 0.0764	0.0033 - 0.0174	< 0.0019 - 0.0186	< 0.0019 - 0.0059	-	-	38.44 - 265.00	8.84 - 16.05
2. *Oreochromis niloticus* (GIFT tilapia)								
Range	< 0.1	< 0.1	< 0.1	< 0.1	0.32 - 0.82	< 0.1 - 0.24	5.6 - 8.0	1.9 - 2.0
Mean (n=2)	< 0.1	< 0.1	< 0.1	< 0.1	0.57 ± 0.35	0.17 ± 0.10	6.8 ± 1.7	1.95 ± 0.07
Other studies around the world;								
Zidan & El-Zaeem (2020) in natural water tilapia, Egypt	5.22 ± 1.06	0.4 ± 0.06	18.75 ± 2.25	0.67 ± 0.07	63.28 ± 5.21	54.31 ± 3.6	18.45 ± 1.71	65.21 ± 4.20
Yacoub et al. (2021) in tilapia at lake Al-manzalah, Egypt	4.8 ± 1.1	2.2 ± 0.7	-	-	12.5 ± 1.0	5.51 ± 0.5	65.4 ± 10.2	35.7 ± 4.8
Guideline values								
WHO (1984; 2000)[a]	0.50		0.50		0.50		30.0	
ANZFA/FSANZ (2015)[b]	0.30		0.50		-		15.0	

[a] *World Health Organization (WHO);* [b] *Australian New Zealand Food Authority (ANZFA) / Food Standards Australia New Zealand (FSANZ)*

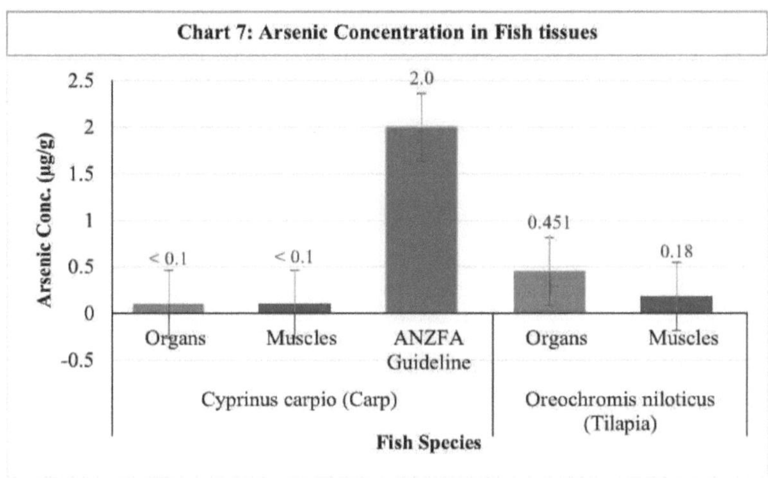

4.4.2 Concentração de cádmio nos tecidos dos peixes

A concentração de cádmio nos órgãos e tecidos musculares da carpa comum estava abaixo do limite de deteção (< 0,05 µg/g). Da mesma forma, a concentração de cádmio nos órgãos e músculos da tilápia GIFT também estava abaixo do limite de deteção (< 0,05 µg/g). Com base nos resultados (tabela 9a) a concentração de cádmio em todos os tecidos de peixe está dentro do valor limite máximo de 0,50 µg/g pelas directrizes da OMS (1984; 2000). O consumo de peixe da albufeira de Yonki não indicou perigo para a saúde no que respeita ao cádmio.

Os resultados deste estudo foram comparados com estudos realizados por Farsani et al. (2019) para cádmio em carpa comum no lago Aras, Irão (órgãos 0,75 ± 0,12 µg/g; músculos 0.33 ± 0,12 µg/g) e Alvarado et al. (2021) para cádmio em carpa comum no lago Chapala, México (órgãos 0,0133 - 0,4724 µg/g; músculos < 0,0013 - 0,003 µg/g). Para o cádmio em tilápias, também foram comparados estudos de Zidan e El-Zaeem (2020) no Egito (órgãos 0,19 ± 0,07 µg/g; músculos 0,34 ± 0,037 µg/g) e Yacoub et al. (2021) no lago Al-manzalah, Egito (órgãos 1,3 ± 0,2 µg/g; músculos 0,7 ± 0,3 µg/g). A concentração média de cádmio na carpa comum foi semelhante ao estudo realizado por Alvarado et al. (2021) e foi inferior à relatada por Farsani et al. (2019) no Irão. A concentração média de cádmio na tilápia neste estudo foi muito inferior às comunicadas por Zidan e El-Zaeem (2020) e Yacoub et al. (2021) no Egipto.

4.4.3 Concentração de crómio nos tecidos dos peixes

A concentração de crómio nos tecidos dos órgãos e dos músculos da carpa comum foi de 0,50 ± 0,13 µg/g e 0,48 ± 0,05 µg/g, respetivamente. Para a tilápia GIFT, a concentração de crómio nos órgãos foi de 0,82 ± 0,35 µg/g enquanto o crómio nos músculos foi de 0,78 ± 0,84 µg/g. Como se pode ver na tabela 9a, a concentração de crómio em todos os tecidos dos peixes excedeu o valor limite máximo de 0,15 µg/g pelas directrizes da OMS (1984; 2000). O gráfico 8 mostrou que os órgãos da tilápia GIFT têm a maior concentração de crómio (0,82 µg/g), enquanto os mais baixos foram observados nos músculos da carpa comum (0,48 µg/g). Embora a concentração de crómio na água e nos sedimentos fosse baixa e estivesse dentro dos limites permitidos, foram acumulados níveis elevados de crómio em todos os tecidos da carpa comum e da tilápia GIFT. O crómio sob a forma de compostos trivalentes (Cr III) é um nutriente essencial e provém de fontes geogénicas, mas o crómio hexavalente (Cr VI) é muito tóxico e um conhecido carcinogéneo para o homem. Quase todo o crómio hexavalente presente no ambiente resulta de actividades humanas e as principais fontes são as lamas de depuração e os resíduos urbanos (OMS, 1988). Estas elevadas concentrações de crómio têm efeitos tóxicos para os organismos que se alimentam dos peixes, incluindo os seres humanos.

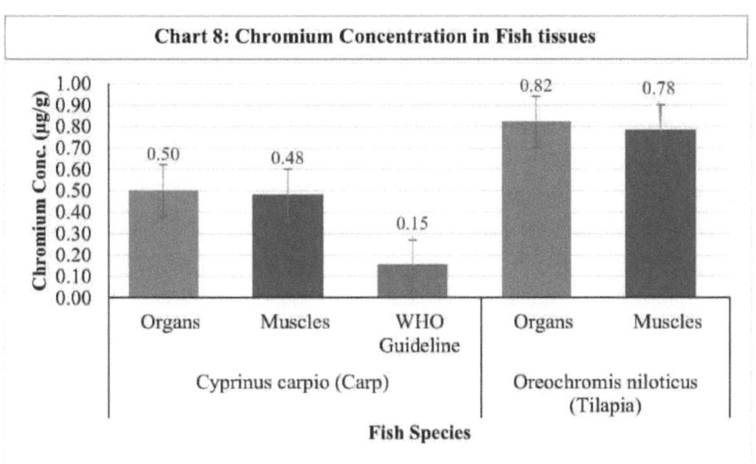

Os resultados deste estudo foram comparados com estudos realizados por Kapia et al. (2016) para o crómio na carpa comum no reservatório de Yonki (órgãos 0,02 ± 0,009 µg/g; músculos 0.02 ± 0,007 µg/g), e crómio em tilápia por Zidan e El-Zaeem (2020) no Egito (órgãos 38,30 ± 5,21 µg/g; músculos 0,79 ± 0,029 µg/g). As concentrações médias de crómio para a carpa comum neste estudo foram ligeiramente superiores ao estudo anterior realizado por Kapia et al. (2016) no reservatório de Yonki. Isto indicou a acumulação de crómio nos tecidos dos peixes ao longo do tempo. Zidan e El-Zaeem (2020) relataram um elevado teor de crómio nos órgãos da tilápia, enquanto os seus resultados nos músculos da tilápia foram semelhantes aos do presente estudo.

4.4.4 Concentração de cobre nos tecidos dos peixes

A concentração de cobre nos órgãos e tecidos musculares da carpa comum estava abaixo do limite de deteção (< 0,1 µg/g). Em contraste, a concentração de cobre nos órgãos de tilápia GIFT foi de 0,28 ± 0,25 µg/g, enquanto nos músculos de tilápia GIFT foram abaixo do limite de deteção (< 0,1 µg/g). Como mostrado na tabela 9a a concentração de cobre em todos os tecidos de peixe estão dentro do valor limite máximo de 30,0 µg/g pelas directrizes da OMS (1984; 2000). O consumo de peixe da albufeira de Yonki não indicou perigo para a saúde no que respeita ao cobre.

Os resultados do presente estudo foram comparados com estudos efectuados por Kapia et al. (2016) sobre o cobre na carpa comum na albufeira de Yonki (órgãos 11.6 ± 2,72 µg/g; músculos 1,05 ± 0,23 µg/g) e Farsani et al. (2019) para cobre em carpa comum no lago Aras, Irão (órgãos 25,66 ± 0,77 µg/g; músculos 8,36 ± 0,40 µg/g). Para o cobre na tilápia, foram também comparados os estudos de Zidan e El-Zaeem (2020) no Egipto (órgãos 28,41 ± 4,55 µg/g; músculos 3,9 ± 0,36 µg/g) e Yacoub et al. (2021) no lago Al-manzalah, Egipto (órgãos 6,1 ± 1,2 µg/g; músculos 2,6 ± 0,8 µg/g). A concentração média de cobre na carpa comum foi menor em comparação com o estudo de Kapia et al. (2016) e Farsani et al. (2019). Zidan e El-Zaeem (2020) e Yacoub et al. (2021) relataram maior concentração de cobre na tilápia em comparação com este estudo.

4.4.5 Concentração de chumbo nos tecidos dos peixes

A concentração de chumbo nos órgãos e tecidos musculares da carpa comum foi inferior ao limite de deteção (< 0,1 µg/g). Da mesma forma, a concentração de chumbo nos órgãos e músculos da tilápia GIFT também estava abaixo do limite de deteção (< 0,1 µg/g). De acordo com os resultados (tabela 9b), as concentrações de chumbo em todos os tecidos de peixe estavam dentro do valor limite máximo de 0,50 µg/g e 0,30 µg/g pelas diretrizes da OMS (1984; 2000) e ANZFA (2015), respetivamente. Os resultados revelaram que o chumbo não representa um perigo para a saúde do consumo de peixe no reservatório de Yonki.

Os resultados deste estudo foram comparados com estudos realizados por Kapia et al. (2016) para chumbo em carpa comum no reservatório de Yonki (órgãos < 0,01 µg/g; músculos < 0,01 µg/g) e Farsani et al. (2019) para chumbo em carpa comum no lago Aras, Irão (órgãos 1,19 ± 0,16 µg/g; músculos 0,18 ± 0,03 µg/g). Para o chumbo na tilápia, estudos de Zidan e El-Zaeem (2020) no Egito (órgãos 5,22 ± 1,06 µg/g; músculos 0,4 ± 0,06 µg/g) e Yacoub et al. (2021) no lago Al-manzalah, Egito (órgãos 4,8 ± 1.1 µg/g; músculos 2,2 ± 0,7 µg/g) também foram comparados. A concentração média de chumbo na carpa comum foi semelhante aos estudos de Kapia et al. (2016) e Farsani et al. (2019). Zidan e El-Zaeem (2020) e

Yacoub et al. (2021) relataram uma concentração de chumbo ligeiramente maior na tilápia em comparação com este estudo.

4.4.6 Concentração de mercúrio nos tecidos dos peixes

A concentração de mercúrio nos órgãos e tecidos musculares da carpa comum estava abaixo do limite de deteção (< 0,1 µg/g). Da mesma forma, a concentração de mercúrio nos órgãos e músculos da tilápia GIFT também estavam abaixo do limite de deteção (< 0,1 µg/g). De acordo com os resultados (tabela 9b), as concentrações de mercúrio em todos os tecidos de peixes estavam dentro do valor limite máximo de 0,50 µg/g pelas diretrizes da OMS (1984; 2000) e ANZFA (2015). Os resultados revelaram que o mercúrio não representa um perigo para a saúde devido ao consumo de peixe na albufeira de Yonki.

Os resultados deste estudo foram comparados com estudos realizados por Kapia et al. (2016) para mercúrio em carpa comum no reservatório de Yonki (órgãos < 0,1 µg/g; músculos < 0,1 µg/g) e Farsani et al. (2019) para mercúrio em carpa comum no lago Aras, Irã (órgãos 0,78 ± 0,04 µg/g; músculos 57

0,20 ± 0,01 µg/g). Para o mercúrio em tilápias, também foram comparados estudos de Zidan e El- Zaeem (2020) no Egito (órgãos 18,75 ± 2,25 µg^; músculos 0,67 ± 0,07 µg/g). A concentração média de mercúrio na carpa comum foi semelhante aos estudos de Kapia et al. (2016) e Farsani et al. (2019). Zidan e El-Zaeem (2020) relataram maior concentração de mercúrio na tilápia em comparação com este estudo.

4.4.7 Concentração de níquel nos tecidos dos peixes

A concentração de níquel nos órgãos da carpa comum estava abaixo do limite de deteção (< 0,1 µg/g), enquanto nos músculos era de 0,135 ± 0,007 µg/g. Para a tilápia GIFT, a concentração de níquel nos órgãos foi de 0,57 ± 0,35 µg/g enquanto nos músculos foi de 0,17 ± 0,10 µg/g. Com base nos resultados (tabela 9b), a concentração de níquel em todos os tecidos de peixe estava dentro do valor limite máximo de 0,50 µg/g pelas diretrizes da OMS (1984;

2000), exceto para os órgãos de tilápia GIFT. Como mostrado no Gráfico 9, os órgãos de tilápia GIFT mostraram a maior concentração de níquel (0,57 µg/g) excedendo o limite máximo recomendado pela OMS, enquanto a menor concentração de níquel foi observada em órgãos de carpa comum (< 0,1 µg/g). Embora a concentração de níquel na água e nos sedimentos fosse baixa e estivesse dentro dos limites permitidos, os órgãos da tilápia GIFT acumularam altos níveis de níquel. O níquel é conhecido por ser tóxico e bioacumula-se nos peixes (Nussey et al., 2000). Estas elevadas concentrações de níquel têm efeitos tóxicos para os organismos que dependem dos peixes para se alimentarem, incluindo o homem.

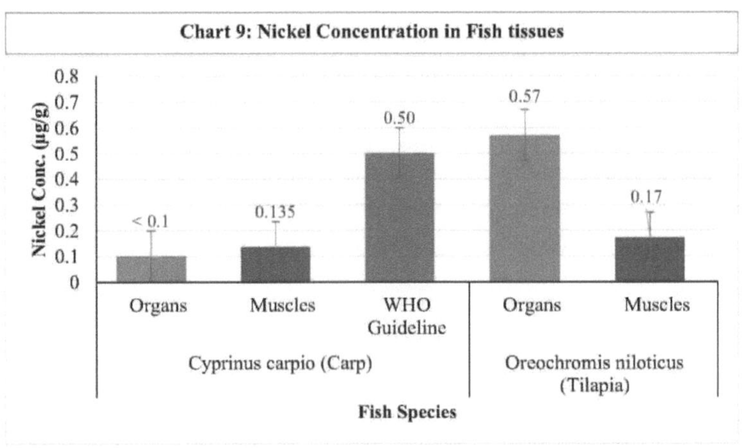

Os resultados deste estudo foram comparados com estudos realizados por Farsani et al. (2019) para a concentração de níquel em carpa comum no lago Aras, Irão (órgãos 1,09 ± 0,18 µg/g; músculos 0,36 ± 0,04 µg/g). Para o níquel na tilápia GIFT, também foram comparados os estudos de Zidan e El-Zaeem (2020) no Egito (órgãos 63,28 ± 5,21 µg/g; músculos 54,31 ± 3,6 µg/g) e Yacoub et al. (2021) no lago Al-manzalah, Egito (órgãos 12,5 ± 1,0 µg/g; músculos 5,51 ± 0,5 µg/g). A concentração média de níquel na carpa comum foi ligeiramente semelhante aos estudos de Farsani et al. (2019) no Irão. Zidan e El-Zaeem (2020) e Yacoub et al. (2021) relataram uma concentração de níquel muito maior na tilápia em comparação com este estudo.

4.4.7 Concentração de zinco nos tecidos dos peixes

A concentração de zinco nos órgãos da carpa comum foi de 50,0 ± 19,8 µg/g enquanto nos músculos foi de 2,55 ± 0,07 µg/g. Para a tilápia GIFT, a concentração de zinco nos órgãos foi de 6,8 ± 1,7 µg/g enquanto nos músculos foi de 1,95 ± 0,07 µg/g. Com base nos resultados (tabela 9b), a concentração de zinco em todos os tecidos dos peixes estava dentro do valor limite máximo de 30,0 µg/g e 15,0 µg/g pelas diretrizes da OMS (1984; 2000) e ANZFA (2015), respetivamente, exceto nos órgãos da carpa comum. O gráfico 10 mostrou que os órgãos da carpa comum acumularam a maior concentração de zinco (50,0 µg/g) excedendo os limites máximos recomendados pela OMS e ANZFA, enquanto as menores concentrações de zinco foram observadas nos músculos da tilápia GIFT (1,95 µg/g). Embora a concentração de zinco na água e nos sedimentos fosse baixa e estivesse dentro dos limites permitidos, foram observados níveis elevados de zinco nos órgãos da carpa comum. O zinco é um elemento essencial para o crescimento de animais e plantas, mas a este nível elevado, pode ser tóxico para algumas espécies aquáticas (APHA, 2005). Estas concentrações elevadas de zinco têm efeitos tóxicos para os organismos que se alimentam dos peixes, incluindo os seres humanos.

Os resultados deste estudo foram comparados com estudos realizados por Farsani et al. (2019) para zinco em carpa comum no lago Aras, Irão (órgãos 32,06 ± 0,08 µg/g; músculos 11.12 ± 0,71 µg/g) e Alvarado et al. (2021) para zinco em carpa comum no lago Chapala, México (órgãos 38,44 - 265,00 µg/g; músculos < 8,84 - 16,05 µg/g). Para o zinco na tilápia, também foram comparados estudos de Zidan e El-Zaeem (2020) no Egito (órgãos 18,45 ± 1,71 µg/g; músculos 65,21 ± 4,20 µg/g) e Yacoub et al. (2021) no lago Al-manzalah, Egito (órgãos 65,4 ± 10,2 µg/g; músculos 35,7 ± 4,8 µg/g). As concentrações médias de zinco para a carpa comum neste estudo foram semelhantes ao estudo de Farsani et al. (2019) no Irão, enquanto o estudo de Alvarado et al. (2021) no México foi mais elevado. A concentração média de zinco para tilápia neste estudo foi muito menor do que as relatadas por Zidan e El-Zaeem (2020) e Yacoub et al. (2021).

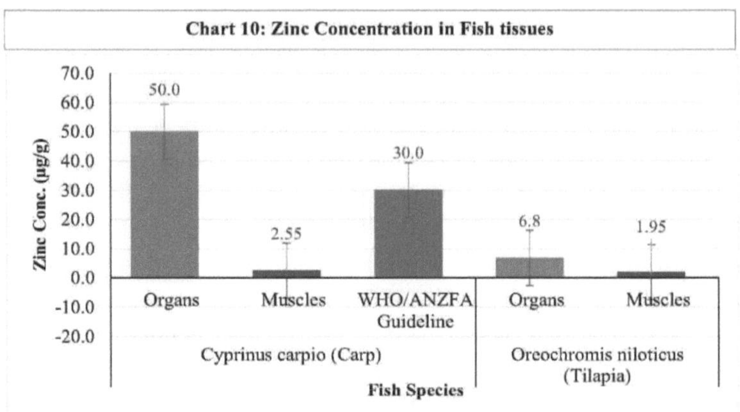

4.4.9 Fator de bioacumulação de metais pesados em tecidos de peixes

O fator de bioacumulação (BAF) representa a tendência do peixe para acumular metais provenientes da sua alimentação ou do meio envolvente. Dependendo deste valor, os peixes podem ser menos bioacumulativos (BAF < 1.000), bioacumulativos (1.000 < BAF < 5.000) ou altamente bioacumulativos (BAF > 5.000) (Arnot e Gobas, 2006). No presente estudo, o BAF para metais pesados em tecidos de carpa comum *(Cyprinus carpio)* e tilápia GIFT *(Oreochromis niloticus)* é apresentado no Quadro 10. Os resultados mostraram que nos órgãos da carpa comum o zinco tem o BAF máximo de 1063,83 µg/g, enquanto o cobre tem o BAF mínimo de 14,71 µg/g, e nos músculos o crómio tem o BAF máximo de 600,0 µg/g, enquanto o cobre tem o BAF mínimo de 14,71 µg/g. Para os órgãos da tilápia GIFT o crómio tem o BAF máximo de 1025,0 µg/g, enquanto o chumbo tem o BAF mínimo de 17,54 µg/g, e nos músculos o crómio tem o BAF máximo de 975,0 µg/g, enquanto o cobre tem BAF mínimo de 14,71 µg/g.

Table 10: Bio-accumulation Factors for common carp and GIFT tilapia tissues in Yonki reservoir

Fish Species	Heavy Metals	Fish Organs		Fish Muscles	
		BAF Values (µg/g)	BAF Classification	BAF Values (µg/g)	BAF Classification
Cyprinus carpio (Common Carp)	Arsenic	111.11	less bio-accumulative	111.11	less bio-accumulative
	Cadmium	18.52	less bio-accumulative	18.52	less bio-accumulative
	Chromium	625.00	less bio-accumulative	600.00	less bio-accumulative
	Copper	14.71	less bio-accumulative	14.71	less bio-accumulative
	Lead	17.54	less bio-accumulative	17.54	less bio-accumulative
	Mercury	166.67	less bio-accumulative	166.67	less bio-accumulative
	Nickel	90.91	less bio-accumulative	122.73	less bio-accumulative
	Zinc	1063.83	bio-accumulative	54.26	less bio-accumulative
Oreochromis niloticus (GIFT Tilapia)	Arsenic	501.11	less bio-accumulative	200.00	less bio-accumulative
	Cadmium	18.52	less bio-accumulative	18.52	less bio-accumulative
	Chromium	1025.00	bio-accumulative	975.00	less bio-accumulative
	Copper	41.18	less bio-accumulative	14.71	less bio-accumulative
	Lead	17.54	less bio-accumulative	17.54	less bio-accumulative
	Mercury	166.67	less bio-accumulative	166.67	less bio-accumulative
	Nickel	518.18	less bio-accumulative	154.55	less bio-accumulative
	Zinc	144.68	less bio-accumulative	41.49	less bio-accumulative

[a]less bio-accumulative (BAF<1,000), bio-accumulative (1,000 <BAF<5,000), highly bio-accumulative (BAF>5,000)

Com base nos resultados, observou-se que o zinco nos órgãos da carpa comum (1.063,83 µg/g) e o crómio nos órgãos da tilápia GIFT (1.025,0 µg/g) têm os valores mais elevados de BAF e foram classificados como bioacumulativos (1.000 < BAF < 5.000). O BAF para diferentes metais pesados em tecidos de carpa comum e tilápia GIFT foram classificados em ordem decrescente como segue. BAF para os órgãos da carpa comum, Zn > Cr > Hg > As > Ni > Cd > Pb > Cu enquanto BAF para os músculos da carpa comum, Cr > Hg > Ni > As > Zn > Cd > Pb > Cu. BAF para órgãos de tilápia GIFT; Cr > Ni > As > Hg > Zn > Cu > Cd > Pb enquanto BAF para músculos de tilápia GIFT; Cr > As > Hg > Ni > Zn > Cd > Pb > Cu.

Os elevados factores de bioacumulação (BAF > 1.000) para metais como o crómio e o zinco mostram que estes metais presentes na água são susceptíveis de se acumularem em concentrações elevadas e potencialmente tóxicas nos peixes. Além disso, os teores de crómio e zinco são mais elevados nos órgãos dos peixes do que na água, revelando assim o fenómeno da bioacumulação. Isto indica que a carpa comum e a tilápia GIFT da albufeira de Yonki têm uma forte tendência para acumular estes metais pesados na sua carne a partir da água, dos sedimentos ou das suas dietas e podem ser contaminadas por estes metais.

5.0 CONCLUSÕES E RECOMENDAÇÕES

5.1 Conclusão

5.1.1 Parâmetros físico-químicos

Este estudo revelou que o pH, a temperatura, a condutividade eléctrica e o TDS medidos durante as estações húmida e seca no reservatório de Yonki e nos riachos superiores estavam dentro dos limites permitidos pela USEPA (1986) e pela OMS (2011) para a sobrevivência de espécies de peixes e outros organismos aquáticos. Observou-se também que os parâmetros físico-químicos (pH, temperatura, condutividade eléctrica e TDS) não apresentaram variações nas diferentes estações.

5.1.2 Concentração de metais pesados nas águas de superfície

A concentração de todos os metais pesados estudados (arsénio, cádmio, crómio, cobre, chumbo, mercúrio, níquel, zinco) nas águas superficiais durante as estações húmida e seca estava dentro dos limites admissíveis da USEPA (1986) e da OMS (2011). Por conseguinte, concluiu-se que os metais pesados estudados nas águas superficiais dos cursos de água superiores perto das zonas de extração de ouro aluvial que chegaram à barragem de Yonki estão dentro dos limites de segurança e não representam riscos ecotoxicológicos para os organismos aquáticos e o ambiente. Além disso, os metais pesados cobre, chumbo e zinco apresentaram níveis elevados durante a estação das chuvas em comparação com a estação seca em todas as estações de amostragem. Isto revela a lixiviação de fontes antropogénicas e geogénicas que contêm concentrações elevadas destes metais pesados para os cursos de água e para a albufeira através do escoamento de águas pluviais durante as chuvas fortes da estação húmida.

5.1.3 Concentração de metais pesados nos sedimentos

A concentração de todos os metais pesados estudados (arsénio, cádmio, crómio, cobre, chumbo, mercúrio, níquel, zinco) nos sedimentos durante a estação húmida estava dentro das directrizes de qualidade dos sedimentos da USEPA (1986) e da ANZECC (2013). Em contrapartida, as concentrações de cádmio, crómio, cobre, chumbo e níquel nos sedimentos durante a estação seca excederam os limites admissíveis da USEPA e da ANZECC. Foram observadas diferenças significativas nos níveis de metais pesados entre a estação húmida e a estação seca. Por conseguinte, este estudo conclui que as diferentes estações do ano podem influenciar as concentrações de metais pesados nos sedimentos. Além disso, observou-se que os metais pesados lixiviados para os cursos de água e para a albufeira durante a estação húmida a partir de fontes antropogénicas e geogénicas não foram detectados devido aos efeitos de diluição (Kithiia, 2006) pelo enorme volume de água, no entanto, durante a estação seca, quando o volume de água diminuiu, os metais pesados depositaram-se nos leitos de areia ao longo das margens dos cursos de água e da albufeira e acumularam-se nos sedimentos, aumentando a concentração de metais.

Os valores do índice de geo-acumulação mostraram que os sedimentos da albufeira de Yonki e os cursos superiores da albufeira, perto das zonas de extração de ouro, estão moderada a fortemente contaminados com chumbo durante a estação seca. O chumbo é libertado de diferentes fontes antropogénicas para a albufeira durante a estação das chuvas e, consequentemente, acumula-se nos sedimentos. As fontes incluem resíduos domésticos e industriais dentro do município de Yonki e em torno da área do reservatório.

O chumbo tem sido uma preocupação devido à sua toxicidade e à sua capacidade de bioacumulação em organismos de água doce, bem como à sua persistência no ecossistema aquático. O chumbo pode acumular-se em certos peixes de água doce comestíveis, atingindo concentrações superiores aos níveis registados nas águas circundantes (Miller et al., 2002; ATSDR, 1999). De acordo com a ATSDR (2007b), a exposição a concentrações elevadas de chumbo pode danificar gravemente o cérebro e os rins, provocar abortos espontâneos em mulheres grávidas e, em última análise, causar a morte.

5.1.4 Concentração de metais pesados nos tecidos dos peixes

O arsénico, o cobre, o cádmio, o mercúrio e o chumbo nos tecidos musculares e orgânicos da carpa comum *Cyprinus Carpio* e da tilápia GIFT *Oreochromis niloticus* estavam dentro dos limites máximos da OMS (1984; 2000) e da ANZFA (2015). Por conseguinte, estes metais pesados não representam qualquer perigo para os consumidores de peixe na albufeira de Yonki. Em contraste, os órgãos da carpa comum e da tilápia GIFT têm altas concentrações de zinco e níquel, respetivamente, excedendo os limites permitidos. Além disso, todos os tecidos (órgãos e músculos) das duas espécies de peixes apresentam elevadas concentrações de crómio, excedendo também os limites da OMS e da ANZFA para o crómio em peixes. A análise do fator de bioacumulação (BAF) indicou que o crómio e o zinco são bioacumuláveis e têm uma forte tendência para se bioacumularem nos tecidos das duas espécies de peixes.

A elevada concentração de crómio em duas espécies de peixe, especialmente nos tecidos musculares comestíveis, expõe os consumidores de peixe da albufeira de Yonki a riscos para a saúde. De acordo com Dayan e Paine (2001), o crómio é um conhecido carcinogéneo humano, muito tóxico e mutagénico. A exposição a longo prazo pode causar danos nos tecidos circulatórios, nervosos e hepáticos dos rins e pode provocar irritação da pele.

5.2 Recomendações

5.2.1 Gestão sustentável de cursos de água e albufeiras

Com base nas conclusões, este estudo recomenda a adoção de um plano de Gestão Integrada de Resíduos (GIR) para a albufeira de Yonki e para as zonas de captação do ribeiro superior. De acordo com Tchobanoglous e Kreith (2002), a gestão integrada de resíduos é "a seleção e aplicação de técnicas, tecnologias e programas de gestão adequados para atingir objectivos e metas específicos de gestão de resíduos". O plano de GIR envolve quatro estratégias básicas de gestão: (a) redução na fonte, (b) reciclagem e compostagem, (c) combustão, e (d) aterros. Isto exigirá a participação de todas as partes interessadas na albufeira de Yonki e nas zonas de captação superiores e contribuirá muito para reduzir a poluição aquática por metais pesados resultante de actividades antropogénicas. As acções do plano IWM devem também incluir a monitorização dos contaminantes de metais pesados no ambiente de água doce, especialmente nos peixes da albufeira de Yonki. As agências estatais competentes, como a Autoridade para a Conservação e Proteção do Ambiente (CEPA) e a Autoridade Nacional das Pescas (NFA), devem assumir as actividades de monitorização.

Os níveis elevados de metais pesados nas espécies de peixes e nos sedimentos indicam que os resíduos sólidos e as águas residuais não foram tratados ou foram eliminados de forma inadequada, muito provavelmente a partir dos resíduos municipais e das águas residuais domésticas da zona da albufeira de Yonki e das zonas de captação superiores. Os resíduos provenientes das actividades antropogénicas devem ser correcta e adequadamente geridos no âmbito do plano IWM para uma solução sustentável a longo prazo que minimize a poluição por metais pesados nos ecossistemas de água doce da albufeira e das ribeiras superiores.

5.2.2 Investigação adicional

Recomenda-se o seguinte para um estudo mais aprofundado:
1. Estudo para conhecer as práticas de produção e eliminação de resíduos nas cidades em redor da barragem de Yonki e nas zonas de captação superiores, a fim de identificar os contaminantes que são libertados dos resíduos para o ambiente através de práticas inadequadas de eliminação de resíduos.
2. O estudo de outros metais pesados tóxicos, como o antimónio, o cobalto, o manganês, a prata, o molibdénio, o selénio e outros que

não foram estudados, deve ser avaliado quanto à sua concentração nas espécies de peixes, nas águas superficiais e nos sedimentos.
3. Estudo sobre a bioacumulação de metais pesados e os seus efeitos na saúde humana, especialmente no caso do crómio, cujos níveis de bioacumulação nas duas espécies de peixes estudadas ultrapassam os limites admissíveis recomendados pela OMS e pela ANZFA.
4. Realização de um estudo social para avaliar o nível de sensibilização do público e para identificar o instrumento de sensibilização eficaz através do qual se pode sensibilizar para as ameaças de poluição da água doce para os utilizadores da água e dos peixes na albufeira de Yonki devido a práticas inadequadas de eliminação de resíduos.

6.0 REFERÊNCIAS

Adhikari, S., Ghosh, L., Giri, B. S., Ayyappan, S. (2009). Distribuições de metais na rede alimentar dos tanques de piscicultura do lago Kolleru, Índia. *Ecotoxicologia e Segurança Ambiental,* Vol. 72(4), pp 1242 - 1248.

Akan, J. C., Abdulrahman, F. I., Sodipo, O. A., Akandu, P. I. (2009). Bioacumulação de alguns metais pesados em seis peixes de água doce capturados no Lago Chade em Doron Buhari, Maiduguri, Estado de Borno. *Nigéria, Journal of applied sciences in environmental sanitation,* Vol. 4, pp 103 - 114.

Akan, J. C., Abdulrahman, F. I., Sodipo, O. A., Ochanya, A. E., Askira, Y. K. (2010). Heavy metals in sediments from river Ngada, Maiduguri Metropolis, Borno state, Nigeria. *Jornal de Química Ambiental e Ecotoxicologia,* Vol. 2 (9), pp. 131 - 140.

Ali, H., e Khan, E. (2018). O que são metais pesados? Controvérsia de longa data sobre o uso científico do termo heavy metals'- proposta de uma definição abrangente. *Toxicological & Environmental Chemistry,* Vol. 100, no. 1, pp 6 - 19.

Allen, G. R. (1991). Field guide to the freshwater fishes of New Guinea (Guia de campo dos peixes de água doce da Nova Guiné). *Publicação n.º 9 do Instituto de Investigação Christensen,* província de Madang, Papua Nova Guiné, pp. 268.

Al-Shawi, A.W., e Dahl, R. (1999). Determinação do cádmio e de seis outros metais pesados em solução de fertilizante de nitrato/fosfato por cromatografia iónica. *Anal. Chim. Ata,* Vol. 391, pp 35-42.

Alvarado, C., Cortez-Valladolid, D. M., Herrera-Lopez, E. J., Godinez, X., Ramírez, J. M. (2021). Bioacumulação de metais por carpas e bagres cultivados no Lago Chapala e avaliação da ingestão semanal. *Appl. Sci.,* 11, 6087, https://doi.org/10.3390/ app11136087.

Anim-Gyampo, M., Kumi, M., Zango, M. S. (2013). Concentrações de metais pesados em algumas espécies de peixes seleccionadas no reservatório de irrigação de Tono em Navrongo. *Gana. Jornal do Meio Ambiente e Ciências da Terra,* ISSN 2224 - 3216, Vol. 3, No. 1.

Anon (1985). Estabelecimento de uma indústria de citrinos na Papua Nova Guiné: A PreFeasibility Study. Department of Primary Industry, Port Moresby Papua Nova Guiné & Ministry of Foreign Affairs Wellington New Zealand.

ANZECC/ARMCANZ (2013). Directrizes para a qualidade dos sedimentos. Conselho de Conservação Ambiental da Austrália e Nova Zelândia, CSIRO Land and Water Science Report 08/07, CSIRO Land and Water.

ANZFA (2015). Código de normas alimentares da Austrália e da Nova Zelândia. Alteração n.º 154, Autoridade Alimentar da Austrália e da Nova Zelândia, Commonwealth of Australia.

APHA (2005). Standard Methods for Examination of Water and Wastewater (Métodos padrão para exame de água e águas residuais). Associação Americana de Saúde Pública WWA, Washington, D.C.

APHA (2012). Standard Methods for the Examination of Water and Wastewater, 22nd Edition. Associação Americana de Saúde Pública, Associação Americana de Obras de Água, Federação do Ambiente Aquático. Maryland, EUA. ISBN 978-087553-013-0.

Ariyaee, M., Azadi, N. A., Majnoni, F., Mansouri, B. (2015). Comparação das concentrações de metais nos órgãos de duas espécies de peixes dos reservatórios de Zabol Chahnimeh, Irão. *Boletim de Contaminação Ambiental e Toxicologia,* Vol. 94, no. 6, pp 715 - 721.

Arnot, J. A., e Gobas, F. A. A. (2006). Revisão das avaliações do fator de bioconcentração (BCF) e do fator de bioacumulação (BAF) para substâncias químicas orgânicas em organismos aquáticos. *Environ.*

Rev, Vol. 14, pp 257 - 297.

Ashish, T., e Amitabh, C.D. (2014). Avaliação da bioacumulação de metais pesados em espécies de peixes alóctones, Cyprinus carpio do rio Gomti, Índia. *Eur J Exp Biol;* 4(6): 112-117. ISSN: 22489215.

ATSDR (1999). Toxicological profile for Mercury (Perfil toxicológico do mercúrio). Agency for Toxic Substances and Disease Registry, Atlanta, Geórgia, Estados Unidos. Departamento de Saúde e Serviços Humanos dos EUA.

ATSDR (2003). Projeto de perfil toxicológico para o níquel. Agency for Toxic Substances and Disease Registry, Atlanta, Geórgia, Estados Unidos. Departamento de Saúde e Serviços Humanos dos EUA.

ATSDR (2004). Toxicological Profile for Copper (Perfil toxicológico do cobre). Agency for Toxic Substances and Disease Registry, Atlanta, Geórgia, Estados Unidos, Departamento de Saúde e Serviços Humanos dos EUA.

ATSDR (2005). Toxicological Profile for Nickel (Perfil toxicológico do níquel). Agency for Toxic Substances and Disease Registry, Atlanta, Geórgia, Estados Unidos, Departamento de Saúde e Serviços Humanos dos EUA.

ATSDR (2007a). Toxicological Profile for Arsenic (Perfil toxicológico do arsénico). Agency for Toxic Substance and Disease Registry, Atlanta, GA: U.S. Department of Health and Human Services, Public Health Service (Departamento de Saúde e Serviços Humanos dos EUA, Serviço de Saúde Pública).

ATSDR (2007b). Toxicology profile for Lead (Perfil toxicológico do chumbo). Atlanta, Agency for Toxic Substances and Disease Registry, Geórgia, Estados Unidos. Departamento de Saúde e Serviços Humanos dos EUA.

Aubert, H., e Pinta, M. (1980). Trace elements in soils. *Elsevier,* Vol. 7.

Aust, S. D., Morehouse, L. A., Thomas, C. E. (1985). Papel dos metais nas reacções dos radicais de oxigénio. *Free Radical Biology and Medicine,* Vol. 1, pp 3 - 25.

Bhattacharya, P., e Welch, A. H. (2009). Arsénio nas águas subterrâneas: The deepening crisis in South and Southeast Asia. *Environmental Science & Technology,* Vol. 43(17), pp 651 - 657.

Black, K., Kalantzi, I., Karakassis, I., Papageorgiou, N., Pergantis, S., Shimmield, T. (2013). Heavy metals, trace elements and sediment geochemistry at four Mediterranean fish farms, Science of the Total Environment. *Elsevier,* Vol. 444, pp 128-137.

Boseto, D. (2005). Peixes de água doce da região da Melanésia. *Melanesian Geo,* Vol. 1, pp 12 - 13.

Calculator Soup (2006). Calculadora de desvio padrão on-line. https://www.calculatorsoup.com/calculators/statistics/standard-deviation-calculator.php

Calmano, W., Hong, J., Forstner, U. (1993). Ligação e mobilização de metais pesados em sedimentos contaminados afectados pelo pH e pelo potencial redox. *Ciência e tecnologia da água,* Vol. 28(8-9), pp 223 - 235.

Chapman, P. M. (1995), Sediment quality assessment: status and outlook. *Journal of Aquatic Ecosystem and Health,* Vol. 4, pp 183 - 194.

Chapman, P.M., Wang, F., Janssen, C., Persoone, G., Allen, H.E. (1998). Ecotoxicologia de metais em sedimentos aquáticos: ligação e libertação, biodisponibilidade, avaliação de riscos e remediação. *Can J Fish Aquat Sci;* 55(10): 2221-2243.

Chillebaert, F., Chaillous, C., Deschamps, F., Roubaud, P. (1995), Efeitos tóxicos a três níveis de pH de duas moléculas de referência no embrião da carpa comum. *Ecotoxicologia e Segurança Ambiental,* Vol. 32: pp 19 - 28.

Creed, J. T., Brockhoff, C. A., Martin, T. D. (1994). METHOD 200.8: Determination of Trace Elements and Wastes by Inductively Coupled Plasma - Mass Spectrometry, Method 200.8 Revision 5.4. Environmental Monitoring Systems Laboratory Office of Research and Development. Agência de Proteção Ambiental dos EUA, Cincinnati, OHIO 45268.

Dahlén, L., e Lagerkvist, A. (2008). Métodos para estudos de composição de resíduos domésticos. Waste Management, 28(7), 1100 - 1112. Obtido em: https://doi.org/10.1016/j.wasman.2007.08.014

Dan, S. F., Umoh, U. U., Osabor, U. N. (2014). Variação sazonal do enriquecimento e contaminação de metais pesados nas águas superficiais do estuário do rio Qua Iboe e riachos adjacentes, sul-sul da Nigéria. *Jornal de Oceanografia e Ciências Marinhas,* Vol. 5(6), pp 45 - 54.

Datar, M. D., e Vashishtha, R. P. (1990). Investigação de metais pesados em sedimentos de água e lodo do rio Betwa. *Indian Journal of Environmental Protection,* Vol. 10(9), pp 666 - 672.

Dayan, A. D., e Paine, A. J. (2001). Mecanismos de toxicidade, carcinogenicidade e alergenicidade do crómio: Revisão da literatura de 1985 a 2000. *Human and Experimental Toxicology,* Vol. 20, pp 439 - 451.

Defarge, N., De-Vendômois, S., Séralinia, G. E. (2018). Toxicidade de formulantes e metais pesados em herbicidas à base de glifosato e outros pesticidas. *Relatórios de Toxicologia.* Vol. 5, pp 156-163.

Drexler, J., Fisher, N., Henningsen, G., Lanno, R., McGeer, J., Sappington, K. (2003). Documento temático sobre a biodisponibilidade e a bioacumulação de metais. U.S. Environmental Protection Agency Risk Assessment Forum, 1200 Pennsylvania Avenue, NW Washington, DC 20460.

Dudgeon, D. (2006). The impacts of human disturbance on stream benthic invertebrates and their drift in North Sulawesi, Indonesia. *Freshwater Biology,* Vol. 51, pp 1710 - 1729.

Duffus, J. H. (2002). Metais pesados - um termo sem sentido? Relatório Técnico da IUPAC. *Pure and Applied Chemistry,* Vol. 74, no. 5, pp 793 - 807.

Duruibe, J. O., Ogwuegbu, M. C., Egwurugwu, J. N. (2007). Poluição por metais pesados e efeitos biotóxicos no ser humano. *Revista Internacional de Ciências Físicas*, Vol. 2, pp 112 - 118.

Edokpayi, J. N., Odiyo, J. O., Popoola, E. O., Msagati, T. A. (2017). Avaliação da variação sazonal temporária de metais pesados e seu potencial risco ecológico no rio Nzhelele, África do Sul. *De Gruyter Open Chem,* Vol. 15, pp 272 - 282.

Emsley, J. (2001). Os blocos de construção da natureza: An A-Z Guide to the Elements. Oxford, Inglaterra, Reino Unido: Oxford University Press, pp 495-498, 499 - 505.

FAO (1992). Relatório da terceira sessão do grupo de trabalho sobre a poluição e a pesca, Acra, Gana, 25th - 29th novembro de 1991, Organização das Nações Unidas para a Alimentação e a Agricultura - Relatório sobre a pesca nº 471, página 43

Farsani, M. N., Haghparast, R. J., Naserabad, S. S., Moghadas, F. M., Bagheri, T., Gerami, M. H. (2019). Monitorização sazonal de metais pesados na água, sedimentos e carpa comum (Cyprinus carpio) no lago da barragem de Aras, no Irão. *Jornal Internacional de Aquática. Biology,* Vol. 7(3), pp 123 - 131.

Florence, T.M. (1986). Abordagens electroquímicas à especiação de elementos vestigiais em águas. Uma revisão. Analyst. Vol. 111, página 489-505.

Fulkerson, W., Goeller, H. E., Caller, J. S., Copenhaner, E. D. (1973). Cádmio, o elemento dissipado. Oak Ridge Natural Laboratories, ORNL NSF-EP-21 Tennessee U.S.A.

Gheorghe, S., Stoica, C., Vasile, G. G., Nita-Lazar, M., Stanescu, E., Lucaciu, I. E. (2017). Efeitos tóxicos dos metais em ecossistemas aquáticos: Moduladores da Qualidade da Água. *InTech.* Recuperado de: http://dx.doi.org/10.5772/65744

Gimeno-Garciaa, E., Andreua, V., Boluda, R. (1996). Incidência de metais pesados na aplicação de fertilizantes inorgânicos e pesticidas em solos de cultivo de arroz. *Poluição Ambiental.* Vol. 92, pp 19-25.

Good Calculator (2015). Calculadora online da análise unidirecional da variância. https://goodcalculators.com/one-way-anova-calculator/

Hair, C., Wani, J., Minimulu, P., Salato, W. (2006), Relatório final do Miniprojecto MS0601: Improved feeding and stocking density for intensive cage culture of GIFT tilapia, Oreochromis niloticus in Yonki Reservoir. Departamento de Indústrias Primárias e Pescas de QLD, Cairns, Austrália.

Harman, D. (1981). O processo de envelhecimento. *Actas da Academia Nacional de Ciências,* EUA, Vol. 78 (11), 7124 - 7128.

Hingston, J. (2001). Lixiviação de produtos de proteção da madeira à base de arseniato de cobre cromatado: A review. *Environmental Pollution,* Vol. 111, pp 53 - 66.

Holloway, R. S. (1978). A Report on the Utilization and Agricultural Potential of Lands in the Goroka area of the Eastern Highlands Province. Departamento da Indústria Primária, Papua Nova Guiné.

Housecroft, C. E., e Sharpe, A. G. (2008). Química Inorgânica (3ª Edição), Prentice Hall.

IARC (1994). Mercúrio e compostos de mercúrio. Agência Internacional de Investigação do Cancro Monografias sobre a avaliação do risco carcinogénico para os seres humanos, Vol. 58

IUPAC (2007). Base de Dados das Propriedades dos Pesticidas. União Internacional de Química Pura e Aplicada. Obtido em: http://sitem.herts.ac.uk/aeru/ppdb/en/atoz.htm

Kabata-Pendias, A. (2010). Trace Elements in Soils and Plants, 4ª edição. Boca Raton, FL: CRC Press, p. 548

Kapia, S., Rajashekhar, R. B. K., Sakulas, H. (2016). Avaliação dos riscos de poluição por metais pesados nas matrizes ambientais do reservatório de Yonki afetadas pela atividade de mineração de ouro. *Avaliação da Monitorização Ambiental*, Vol. 188, pp 1-10.

Karlin, K. D., e Tyeklar, Z. (2012). Bioinorganic Chemistry of Copper. Springer Science & Business Media, DOI: 10.1007/ 978-94-0116875-5.

Khaled, A. (2004). Concentrações de metais pesados em certos tecidos de cinco peixes comercialmente importantes da Baía de El-Mex, Al-Exandria, Egipto. pp 1- 11.

Khare, S., e Singh, S. (2002). Lições histopatológicas induzidas por sulfato de cobre e nitrato de chumbo nas brânquias do peixe de água doce Nundus. J. *Ecotoxicol. Environ. Mar. Poll. Bull,* Vol. 6, pp 5760 - 5760.

Kithiia, S. M. (2006). The effects of land use types on hydrology and water quality of Upper Athi River basin, Kenya. Universidade de Nairobi.

Kitur, E. C. (2009). A comparative study of the influence of variations in environmental factors of Phytoplankton properties of selected reservoirs in Central Kenya, PhD Thesis, Kenyatta University, Nairobi, Kenya

Kotze, P., Dupreez, H. H., Van Vuren, J. H. (1999). Bioacumulação de Cobre e Zinco em Oreochromis mossambicus e Clarias gariepinus dos rios Olifants, Mpumalanga, África do Sul. *Water SA* Vol. 25 (1), pp 99 - 110.

Krishnamurthy, C. R., e Pushpa, V. (1995), Toxic metals in the Indian Environment, Tata McGraw Hill Publishing Co. Ltd., Nova Deli, pp 280.

Kumar, B., Senthil, K., Priya, M., Mukhopadhyay, D., Shah, R. (2010), Distribuição, partição, bioacumulação de elementos vestigiais na água, sedimentos e peixes de tanques de peixes alimentados por esgoto no leste de Calcutá, Índia. *Toxicological & Environmental Chemistry,* Vol. 92, no. 2, pp 243 - 260.

Lars, J. (2003). Perigos da contaminação por metais pesados. *British Medical Bulletin,* Vol. 68, pp 167 - 182.

Laskar, M. A. (2010). Determinação de iões metálicos após pré-concentração por extração em fase sólida. Dissertação de doutoramento, Universidade Muçulmana de Aligarh.

Luoma, S.M. (1983). Bioavailability of trace metals to aquatic organisms - A review. Sci Total Env. Vol. 28(1-3), página 1-22.

Mansour, S. A., e Sidky, M. M. (2002). Estudos ecotoxicológicos de metais pesados que contaminam a água e o peixe da província de Fayoum, Egipto. *Food Chemistry,* Vol. 78, pp 15 - 22.

Marschner, H. (1995). Mineral Nutrition of Higher Plants (Nutrição Mineral de Plantas Superiores). San Diego: Academic Press, pp 889.

McCready, S., Birch, G. F., Long, E. R. (2006). Contaminantes metálicos e orgânicos em sedimentos do porto de Sydney, Austrália e arredores - Um conjunto de dados químicos para avaliar as directrizes de qualidade dos sedimentos. *Environment International,* Vol. 32, No. 4, pp. 455 - 465.

Miller, J. R., Allan, R., Horowitz, A. J. (2002). Metal Mining in the Environment, Edição Especial. *The Journal of Geochemistry: Exploration, Environment, Analysis,* Vol. 2, pp 225 - 233.

Mohammed, A. S., Kapri, A., Goel, R. (2011). Poluição por metais pesados: fonte, impacto e soluções. Em: M. Khan, A. Zaidi, R. Goel, e J. Musarrat (eds.), Bio-management of Metal-Contaminated Soils. *Environmental Pollution, Springer, Dordrecht,* Vol. 20, pp 1 - 28.

Müller, G. (1979). Metais pesados no sedimento da cidade de Rhine-Changes. *Umsch. Wiss, Tech.* Vol. 79, pp 778 - 783.

NRCC (1979). Efeitos do cádmio no ambiente canadiano. Conselho Nacional de Investigação do Canadá, n.º 16743

Nriagu, J. O. (1989). Uma avaliação global das fontes naturais de metais vestigiais atmosféricos. *Nature,* Vol. 338, pp 47 - 49.

Nussey, G., Van Vuren, J. H. J., Du Preez, H. H. (2000). Bioacumulação de crómio, manganês, níquel e chumbo nos tecidos do Moggel, Labeoumbratus (Cyprinidae), da barragem de Witbank, Mpumalanga. *Water South Africa,* Vol. 26, pp 269 - 284.

Oguzie, F. A. (2003). Heavy metals in Fish, Water and Effluents of lower Ikpoba River in Benin City, Nigeria. *Journal of Science and Industrial Research,* Vol. 46, pp 156 - 160.

Pari-Huaquisto, D. C., Alfaro-Alejo, R., Pilares-Hualpa, I., Belizario, G. (2020). Variação sazonal de metais pesados em águas superficiais do rio Ananea contaminadas por mineração artesanal, Peru. *Série de conferências IOP: Ciências da Terra e do Ambiente,* Vol. 614,

012167.

Paz, C.G. et al. (2008). Matérias-primas para Fertilizantes. Em: Chesworth, W. (eds) Encyclopedia of Soil Science. *Série Encyclopedia of Earth Sciences.* Springer, Dordrecht. Obtido em: https://doi.org/10.1007/978-1- 4020-3995-9_222

Pourang, N. (1995). Bioacumulação de Metais Pesados em Diferentes Tecidos de Duas Espécies de Peixes em Relação aos seus Hábitos Alimentares e Níveis Tróficos. *Monitorização e Avaliação Ambiental,* Vol. 35, pp 207219.

Rahman, M. S., Molla, A. H., Saha, N., Rahman, A. (2012). Estudo sobre os níveis de metais pesados e sua avaliação de risco em alguns peixes comestíveis do rio Bangshi, Savar, Dhaka, Bangladesh. *Food Chemistry,* Vol. 134, no. 4, pp 1847 - 1854.

Ravenscroft, P., Brammer, H., Richards, K. (2009), Arsenic Pollution: A Global Synthesis. Reino Unido: John Wiley & Sons.

Reilly, C. (2002). Metal contamination of food (Contaminação dos alimentos por metais). Backwell Science Limited, EUA, pp 81-194.

Sammut, J., Vira, H., Tong, S., Nicholl, M., Noiney Mazumder, D., Wani, J., Hiruy, K., Lau, S. M. (2022). Rumo à Segurança Alimentar, Nutricional e de Rendimento na Papua Nova Guiné através da Piscicultura Interior. Em Securing Water, Energy and Food in the Pacific, Eds A. Dansie e Benno Boer, Springer Series: Water in a New World, UNESCO e UNSW.

Schalk, I. J., Hannauer, M., Braud, A. (2011). Novos papéis para sideróforos bacterianos no transporte e tolerância a metais. *Microbiologia ambiental,* Vol. 13(11), pp 2844 - 2854.

Shelton, L. R., e Capel, P. D. (1994). Guideline for Collecting and Processing Samples of Stream Bed Sediment for analysis of Trace

Elements and Organic Contaminants for the National Water-Quality Assessment Program. U.S Geological Survey Open-File Report 94458, Sacramento, Califórnia.

Singh, R. P., e Agrawal, M. (2008). Potential benefits and risks of land application of sewage sludge (Benefícios e riscos potenciais da aplicação de lamas de depuração no solo). Waste Management, 28(2), 347 - 358. Obtido em: https://doi.org/10.1016/j.wasman.2006.12.010

Smedley, P. L, e Kinniburgh, D. G. (2002). A review of the source, behaviour and distribution of arsenic in natural waters. *Applied Geochemistry,* Vol. 17(5), pp 517 - 568.

Smith, P. T. (2007). Aquaculture in Papua New Guinea: Status of freshwater fish farming. Centro Australiano de Investigação Agrícola Internacional, Monografia n.º 125, 124 p., ISBN 1 86320 523 3.

Stumm, Werner e Morgan J.J. (1996), Aquatic Chemistry. Wiley, Nova Iorque, EUA

Sweet, L. I., e Zelikoff, J. T. (2001). Toxicologia e imunotoxicologia do mercúrio: A comparative review in fish and humans. *Journal Toxicology and Environmental Health,* parte B, pp 161 - 205.

Tanee, T., Chaveerach, A., Narong, C., Pimjai, M., Punsombut, P., Sudmoon, R. (2013). Bioacumulação de metais pesados em peixes do rio Chi, província de Maha Sarakham, Tailândia. *Revista Internacional de Biociências*, Vol. 3(8), pp 159 - 167.

Tarr, A. D., e Miessler, E. L. (1991). Inorganic chemistry. John Wiley & sons. Nova Iorque.

Tchobanoglous, G., e Kreith, F. (2002). Handbook of Solid Waste Management, Segunda edição. The McGraw-Hill Companies, Inc., Nova Iorque, Estados Unidos da América, 0-07-135623-1.

Tirkey, A., Shrivastava, P., Saxena, A. (2012). Bioacumulação de metais pesados em diferentes componentes do ecossistema de dois lagos. *Current World Environment,* Vol. 7(2), pp 293 - 297.

Trangmar, B. B., Basher, L. R., Rijkse, W. C., Jackson, R. J. (1995). Levantamento de Recursos Terrestres, Bacia Hidrográfica do Alto Ramu, Papua Nova Guiné. Publicação PNGRIS n.º 3 (AIDAB: Camberra). 10 Ip & 18 mapas.

USEPA (1986). Quality Criteria for Water (Critérios de qualidade para a água). United States Environmental Protection Agency, 440/5-86-001, Office of water regulations and standards. Washington DC, EUA.

USEPA (1997). MÉTODO 1640: Determination of Trace Elements in Water by Preconcentration and Inductively Coupled Plasma-mass Spectrometry (Determinação de elementos vestigiais na água por pré-concentração e espetrometria de massa com plasma indutivamente acoplado). U.S. Environmental Protection Agency, Washington DC, EUA.

Manual do utilizador (2021 a). PHC301, Edição 3. Hach Company/Hach Lange GmbH, EUA, DOC022.53.80032.

Manual do utilizador (2021b). CDC401, Edição 4. Hach Company/Hach Lange GmbH, EUA, DOC022.97.80022.

Van Der Heijden, P. G. M. (1993). Pescadores de Yonki: relatório de um inquérito entre as pessoas que pescam no reservatório de Yonki, rio Ramu Superior, província das Terras Altas Orientais. Um relatório preparado para o Projeto de Melhoramento das Populações de Peixes do Rio Sepik. FI:/PNG/85/001 Documento de campo. 19. FAO, Roma, pp 26.

Verma, R., e Dwivedi, P. (2013). Poluição da água por metais pesados-Um estudo de caso

. *Investigação recente em ciência e tecnologia,* Vol. 5(5).

Viljoen, A. (1999). Efeitos do zinco e do cobre no potencial pós-ovulatório do peixe-gato Clarias gariepinus. Dissertação de Mestrado. Tese, Rand Afrikaans University, África do Sul

Vosyliene, M. Z., e Jankaite, A. (2006). Efeito da mistura de modelos de metais pesados nos parâmetros biológicos da truta arco-íris. *Ekologija,* Vol. 4, pp 1217.

Wau, M., Natera, G., Koma, M. (1992). Projeto de Plano de Gestão da Bacia Hidrográfica do Alto Ramu. PNG Bureau of Water Resources, Boroko Papua Nova Guiné.

Wei, B., Yu, J., Cao, Z., Meng, M., Yang, L., Chen, Q. (2020). A disponibilidade e acumulação de metais pesados em solos de estufa associados à aplicação intensiva de fertilizantes. *Int. J. Environ. Res. Saúde Pública.* Vol. 17, pp 5359

Wepener, V., Van Vuren, J. H. J., Du Preez, H. H. (2001). Absorção e distribuição de uma mistura de cobre, ferro e zinco em brânquias, fígado e plasma de um teleósteo de água doce, Tilapia sparmanii. *Water SA,* Vol. 27 (1), pp 99 - 108.

OMS (1984). Lista dos teores máximos recomendados para os contaminantes pela Organização Conjunta para a Alimentação e a AgriculturaOrganização Mundial de Saúde, Comissão do Codex Alimentarius-Segunda série 3:1-8.

OMS (1988). Critérios de saúde ambiental 61: Crómio. Programa Internacional de Segurança Química, Organização Mundial de Saúde. Obtido em: https://www.inchem.org/documents/ehc/ehc/ehc61.htm.

OMS (2000). Hazardous Chemical in Human and Environmental Health (Produtos químicos perigosos na saúde humana e ambiental).

Organização Mundial de Saúde, Genebra. Suíça.

OMS (2007). pH na água potável: Documento de base revisto para o desenvolvimento das Directrizes da OMS para a Qualidade da Água Potável. Organização Mundial de Saúde, WHO/SDE/WSH/07.01/1. Obtido em: https://cdn.who.int/media/docs/default-source/wash-documents/wash-chemicals/ph.

OMS (2008). Directrizes para a Qualidade da Água Potável; 3ª Edição. Organização Mundial de Saúde, pp 1- 459.

OMS (2011). Directrizes para a qualidade da água potável: quarta edição. Organização Mundial de Saúde, Genebra.

Wim, V., Issabelle, S., Karen, Stefan, D. H., John, V. C. (2007). A perceção do consumidor versus a evidência científica do peixe de viveiro e selvagem: uma visão exploratória para a Bélgica. *Aquaculture International,* Vol. 15, pp 121 - 136.

Yacoub, A. M., Mahmoud, S. A., Abdel-Satar, A. M. (2021). Acumulação de metais pesados em espécies de peixes tilápia e alterações histopatológicas relacionadas nos músculos, brânquias e fígado de Oreochromis niloticus que ocorrem na área de Qahr El-Bahr, Lago Al-Manzalah, Egipto. *International Journal of Oceanography and Hydrobiology,* Volume 50, No. 1, pp 1-15.

Zhao, S., Shi, X., Li, C., Zhang, H., Wu Y. (2014). Variação sazonal de metais pesados em sedimentos do Lago Ulansuhai, China. *Química e Ecologia,* Vol. 30, no. 1, pp 1-14

Zidan, E. M., e El-Zaeem, S. Y. (2020). Avaliação do Perfil de Metais Pesados nos Tecidos Fígado e Músculo da Tilápia do Nilo no Final do Ciclo de Produção. *Revista de Acesso Aberto Oceanografia e Pesca*, Volume 12 Edição 4.

7.0 APÊNDICES

7.1 Apêndice A: Amostragem de águas superficiais

Surface water sampling. (1) adding nitric acid to acidify water samples. (2) storing water sample in an ice-box. (3) Labelling water sample bottle. (4) Water samples in the ice-box.

7.2 Apêndice B: Recolha de amostras de peixes

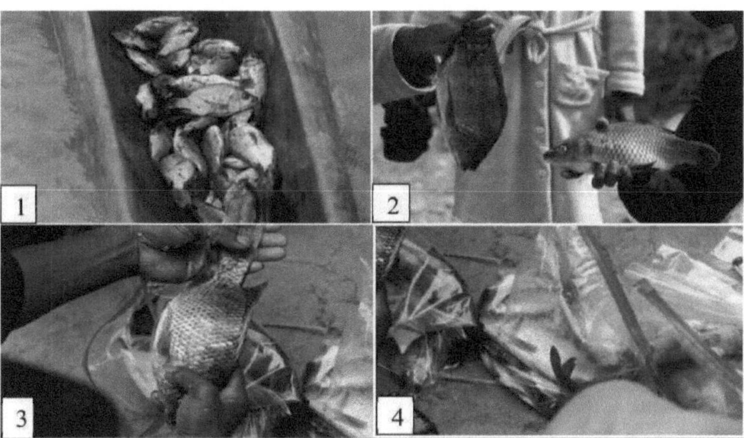

Fish sampling. (1) fish caught by the fisherman. (2) studied fish species; GIFT tilapia (left) and Common Carp (right). (3) Identifying fish before packing in polythene bags. (4) Fish specimens packed in polythene bags ready for storage in ice box.

7.3 Apêndice C: Estações de amostragem

Sampling Stations (SS): 1. Akai (SS1) 2. Yonki Intake (SS2) 3. Ramu Mauswara (SS3) 4. Bane bridge (SS4) 5. Duampa bridge (SS5) 6. Tiunka (SS6). Photos taken during the study

7.4 Apêndice D: Barragem e reservatório de Yonki

Shows Yonki township, Dam and Reservoir, bridge and spill way, main highway, and Sampling Station SS2 (Yonki Intake). *Source: National Energy Authority of PNG (2022)*

Printed by Books on Demand GmbH, Norderstedt / Germany